HEMOS RECIBIDO UN MENSAJE EXTRATERRESTRE

JORGE NICOLÁS-ÁLVAREZ

HEMOS RECIBIDO UN MENSAJE EXTRATERRESTRE

La verdad científica sobre la vida
más allá del planeta Tierra

Papel certificado por el Forest Stewardship Council®

Primera edición: enero de 2024

© 2024, Jorge Nicolás-Álvarez
© 2024, Penguin Random House Grupo Editorial, S. A. U.
Travessera de Gràcia, 47-49. 08021 Barcelona
© 2024, Jordi Wild, por el prólogo

Penguin Random House Grupo Editorial apoya la protección del *copyright*.
El *copyright* estimula la creatividad, defiende la diversidad en el ámbito de las ideas y el conocimiento, promueve la libre expresión y favorece una cultura viva. Gracias por comprar una edición autorizada de este libro y por respetar las leyes del *copyright* al no reproducir, escanear ni distribuir ninguna parte de esta obra por ningún medio sin permiso. Al hacerlo está respaldando a los autores y permitiendo que PRHGE continúe publicando libros para todos los lectores.
Diríjase a CEDRO (Centro Español de Derechos Reprográficos, http://www.cedro.org) si necesita fotocopiar o escanear algún fragmento de esta obra.

Printed in Spain – Impreso en España

ISBN: 978-84-666-7725-7
Depósito legal: B-19.319-2024

Compuesto en Llibresimes, S. L.

Impreso en en Rodesa
Villatuerta (Navarra)

BS 7 7 2 5 7

A mi familia y amigos,
para que no aprendan a lo tonto

Índice

PRÓLOGO, *por Jordi Wild* 11

INTRODUCCIÓN 15

PRIMERA PARTE
¿ES POSIBLE QUE HAYA VIDA EXTRATERRESTRE?

1. El origen de la vida en la Tierra 21
2. ¿Dónde buscar vida extraterrestre? 35

SEGUNDA PARTE
VIDA EXTRATERRESTRE EN EL SISTEMA SOLAR

3. ¿Hay vida extraterrestre en Marte? 49
4. Venus: ¿puede haber vida en el infierno? 65
5. Vida subterránea en las lunas de Júpiter
   y Saturno 81

TERCERA PARTE

VIDA EXTRATERRESTRE MÁS ALLÁ DEL SISTEMA SOLAR

6. Exoplanetas 95
7. El primer visitante interestelar 109
8. Civilizaciones extraterrestres inteligentes 123

CUARTA PARTE

MENSAJES EXTRATERRESTRES

9. Mensajes hacia el resto del universo 143
10. Hemos recibido un mensaje extraterrestre.
    ¿Contestamos? 159

QUINTA PARTE

EL FENÓMENO OVNI

11. Los ovnis existen 181

SEXTA PARTE

¿ESTAMOS SOLOS EN EL UNIVERSO?

12. La paradoja de Fermi y el gran filtro 203
13. La hipótesis del zoo 215

Epílogo 225
Agradecimientos 241
Créditos de las ilustraciones 243
Bibliografía 247

Prólogo

Desde que tengo uso de razón, el firmamento ha sido para mí un lienzo de infinitas posibilidades, un vasto océano de estrellas repleto de sueños y misterios. Si me conoces o alguna vez has oído algo de mí, sabrás que soy un entusiasta del espacio y un escéptico incurable, que se encuentra fascinado, y a la vez confundido, por la inmensidad que nos rodea. Este libro no es un testimonio de certezas, sino un viaje a través de las posibilidades de la imaginación y, desde luego, de la ciencia.

La probabilidad de que haya vida extraterrestre y el potencial de un contacto con nosotros aquí en la Tierra es un tema que ha cautivado la imaginación de muchos, yo el primero. Desde pequeño, recuerdo mirar hacia el cielo nocturno, preguntándome si en algún lugar, en algún rincón lejano del universo, habría alguien o algo mirando hacia su propio cielo y preguntándose lo mismo sobre nosotros. Esta curiosidad infantil se ha transformado en una búsqueda apasionada de respuestas, alimentada tanto por la ciencia como por la ficción.

En este libro, Jorge explora las diferentes facetas de esta apasionante cuestión. Desde las últimas teorías científicas sobre la existencia de vida más allá de nuestro planeta, hasta los relatos de encuentros cercanos y avistamientos de objetos no identificados, este es un compendio de posibilidades, hipótesis y, sobre todo, preguntas (por desgracia) sin respuesta.

Como incrédulo y desconfiado por naturaleza, me esfuerzo por mantener un equilibrio entre la apertura de mente y el pensamiento crítico. En estas páginas se examinarán las evidencias, desmenuzaran los mitos y nos cuestionaremos, de manera lo más objetiva posible, cuán plausible es realmente el encuentro con seres de otros mundos. ¿Estamos solos en el universo? ¿O es la vida, en sus múltiples formas, una constante universal?

La búsqueda de vida extraterrestre no es solo una cuestión científica; es también una indagación filosófica y existencial. Nos obliga a mirar más allá de nuestro pequeño rincón del cosmos y a reflexionar sobre nuestra posición en el vasto tapiz del universo. En este libro no vamos a encontrar respuestas definitivas, sino, más bien, se nos ofrecerá un conjunto de herramientas que nos permitirán analizar de forma serena la búsqueda de vecinos de este maravilloso, aunque a veces terrorífico, barrio nuestro, llamado universo.

Así que os invito a acompañarme en este viaje capitaneado por el comandante Jorge Nicolás-Álvarez, un viaje de exploración y descubrimiento, de escepticismo y asombro, mientras buscamos juntos entender uno de los mayores misterios de nuestra existencia: ¿Estamos solos en el universo o somos parte de una comunidad cósmica mucho más grande y maravillosa?

Eso sí, solo pido una cosa a los posibles extraterrestres, y es que, si vienen a vernos, me dejen despedirme de los míos. Porque mucho me temo que sus intenciones serían de todo menos buenas.

JORDI WILD

Introducción

Me encantaría sentarme a charlar con todas las personas que habéis abierto este libro. Primero, os haría muchísimas preguntas: ¿Qué es lo que más curiosidad os despierta? ¿Qué respuestas esperáis encontrar? ¿Por qué creéis que la búsqueda de vida extraterrestre nos interesa tanto?

Luego, os contaría las razones por las que he escrito este libro. Si te identificas con alguna de ellas, estoy seguro de que te va a encantar:

1. Es un manual para tener conversaciones trascendentales. Aunque solo leas un capítulo, da igual cuál, serás capaz de entender y hablar con rigor sobre temas tan interesantes como la posibilidad de que haya vida en Marte, cómo se buscan civilizaciones inteligentes y las consecuencias que tendría recibir un mensaje alienígena. Al final de cada capítulo hay un breve resumen con las ideas más importantes y unas cuantas preguntas abiertas para que reflexiones sobre ellas por tu cuenta, lo hables

con tu familia y amigos, o las uses para romper el hielo en tu próxima cita de Tinder.

2. La búsqueda de vida extraterrestre es un trabajo serio. Solemos relacionar a los extraterrestres con la ciencia ficción y al personaje que se dedica a escuchar mensajes que vienen desde el cielo se le caracteriza como un friki. No tengo nada en contra de estos estereotipos, al contrario, me hacen un montón de gracia. Además, las obras de ciencia ficción nos sirven de inspiración a los que nos dedicamos a la ciencia y la tecnología. Leyendo este libro verás la cantidad de personas que se dedican a la búsqueda de vida extraterrestre con seriedad, ya sea estudiando condiciones extremas en la Tierra, haciendo aterrizar naves en Marte o enviando mensajes de radio hacia el resto del universo.

3. Estoy harto de los charlatanes. Por desgracia, la mayoría de quienes hablan de extraterrestres en la vida real, más allá de la ciencia ficción, lo hacen desde un punto de vista muy poco riguroso. Seguro que has visto a varios por la tele e internet. ¡Muchos hasta han escrito libros! Hablar de abducciones, ovnis y contactos alienígenas es tremendamente interesante, aunque no aporta nada si el único objetivo que se persigue es llamar la atención. Es normal que el tema se aborde con mucha especulación e incertidumbre, y en este libro lo haremos también, aunque

desde un punto de vista científico y técnico. Vamos a hablar de hipótesis sobre la base del conocimiento que ya tenemos, como la vida que hay en la Tierra, pero no descartaremos que puedan existir formas de vida desconocidas que no tengan nada que ver. Vamos a ver cuáles son los pasos que tienen que seguir la ciencia y el desarrollo tecnológico para demostrar que no estamos solos en el universo.

Este libro está dividido en seis partes, cada una de ellas con varios capítulos. Estas partes siguen un orden porque es lo que se espera cuando escribes un libro: cuentan una historia desde la perspectiva de alguien que se pregunta por primera vez si hay vida más allá de nuestro planeta y las cuestiones que debe plantearse hasta resolver el misterio. Este orden es simplemente una propuesta, no es necesario que lo sigas. No necesitas haber leído un capítulo para entender el siguiente, los entenderás todos a la perfección por separado. Si algo se explica con más detalle en otro capítulo, te lo diré para que le eches un vistazo si te apetece. Así que puedes seguir el orden que más te convenga y empezar por el punto que te despierte más curiosidad.

Espero que esta lectura te sirva para reflexionar y plantear debates interesantes. Que la disfrutes.

PRIMERA PARTE

¿ES POSIBLE QUE HAYA VIDA EXTRATERRESTRE?

1

El origen de la vida en la Tierra

Cuando piensas en un extraterrestre, ¿qué es lo primero que te viene a la mente? ¿Un insecto con patas y antenas, como en la película *Starship Troopers*? ¿O seres gelatinosos, sin esqueleto, que se mueven de manera fluida? ¿Tal vez cuando piensas en ellos te los imaginas como seres humanoides, igual que ET en la película de Steven Spielberg? ¿Puede que simplemente pienses en ellos como microorganismos, es decir, seres más primitivos como las bacterias, los virus, los hongos o las algas?

La verdad es que los extraterrestres podrían adoptar aspectos muy diferentes dependiendo de las condiciones de su planeta natal y de cómo hayan evolucionado a lo largo del tiempo.

Ahora que ya los tienes en la cabeza (y ojalá que no como el de *Alien*), te planteo otra pregunta: si existen los extraterrestres, ¿crees que se habrán formado de la misma manera en que surgimos nosotros, los seres humanos?

— 21 —

Para poder dar respuesta a este interrogante (y a muchos otros, porque este libro está repleto de dudas y, espero, de muchas más respuestas), tenemos que ir al principio de nuestra historia. ¿Cuál es el origen de la vida en la Tierra? ¿Cómo evolucionó durante millones de años hasta llegar a lo que somos tú y yo hoy en día? Entender las condiciones que permitieron que floreciera la vida en la Tierra nos permite centrar la búsqueda de vida extraterrestre en aquellas zonas del universo en las que se repliquen estas condiciones. Es ahí donde la probabilidad de encontrar vida parecida a la nuestra será más alta.

La verdad es que los extraterrestres podrían adoptar aspectos muy diferentes, dependiendo de las condiciones de su planeta natal y de cómo hayan evolucionado a lo largo del tiempo. Hoy en día, gracias a la inteligencia artificial generativa, esa que crea imágenes a partir de palabras, podemos dar vida a los alienígenas que cada uno imaginamos en nuestra mente de forma diferente. Yo mismo lo he probado y el resultado me ha servido para comprender la diversidad de formas de vida que podrían existir en el universo. ¡Te animo a que lo pruebes!

¿Cuándo surgió la vida en la Tierra?

El origen de la Tierra se remonta unos 4.500 millones de años en el tiempo, poco después de la formación del sistema solar. Esto se sabe porque se ha medido la edad de las rocas más antiguas de la Tierra, de los meteoritos que han llegado desde el espacio y de las rocas que los astronautas de la misión Apolo 11 trajeron de la Luna. Pero ¿cómo puede calcularse la edad de una roca? Mediante una técnica llamada «datación radiométrica».

La Tierra y Venus son planetas muy parecidos, prácticamente hermanos, si bien los diferentes acontecimientos a los que se han enfrentado (deshielos, cambio climático...) han hecho que evolucionen de manera muy diferente a lo largo de los años, hasta el punto de que la Tierra alberga vida y Venus, que sepamos, no. Durante sus primeros millones de años de existencia, nuestro planeta recibió el impacto de asteroides y otros objetos celestes. De hecho, una teoría muy aceptada explica que la Luna se formó a partir de una gran colisión entre la Tierra primitiva y un objeto un poco más grande que Marte llamado «Theia». Esto encaja con las mediciones que confirman que el planeta Tierra y las rocas del satélite tienen la misma edad.

Al principio, la temperatura de nuestro planeta era tan alta que el agua de la superficie terrestre no era líquida, sino gaseosa, lo que hacía imposible la existencia de vida. La primera forma de vida pudo haber surgido cuando el bombardeo de asteroides cesó y la temperatura bajó lo suficiente como para que el agua se condensara y formara océanos, entre 4.000 y 4.400 millones de años atrás.

Al cabo de un tiempo, hace unos 3.900 millones de

años, un segundo bombardeo de asteroides volvió a azotar nuestro planeta y a impactar contra la superficie terrestre. Después, la Tierra presentaba las condiciones adecuadas para albergar vida y permitir una evolución sostenible de la misma.

De todas maneras, todo lo que te cuento en estas líneas son solo hipótesis que no han sido aún confirmadas porque no se han encontrado pruebas de formas de vida tan antiguas que las justifiquen.

Datación radiométrica

La datación radiométrica es un método que determina la edad de rocas, minerales, meteoritos y otros objetos del sistema solar a partir de la descomposición de sus elementos radiactivos. Estos se descomponen a una velocidad constante, conocida como «vida media». La vida media es el tiempo que tarda la mitad de los átomos de un elemento radiactivo en desintegrarse en otro elemento más estable. Estos elementos más estables, que, como vemos, resultan de la descomposición de un elemento radiactivo, se llaman «productos de descomposición».

Al medir la cantidad de los elementos radiactivos presentes en una roca y la cantidad de productos de descomposición, se puede calcular cuánto tiempo ha pasado desde que la roca se formó.

Los fósiles de la vida más antigua

Unos fósiles descubiertos en Australia de alrededor de 3.500 millones de años son los primeros indicios de vida en la Tierra que se han encontrado. Estos fósiles presentan estructuras llamadas «estromatolitos», que se formaron por el crecimiento de capas de microbios unicelulares como las cianobacterias.

Cabe destacar que las bacterias son una forma de vida relativamente compleja y que es muy probable que el origen de formas de vida más simples ocurriera mucho antes que las de los fósiles encontrados. Sin embargo, es difícil (o imposible) saber con precisión cuándo comenzó la vida en la Tierra, ya que no se han encontrado fósiles anteriores a los 3.500 millones de años.

¿Qué es la vida?

Hemos dicho que hay formas de vida más simples que las bacterias, pero ¿cuánto más simples pueden ser? La unidad más pequeña y básica de la vida es la célula. Las células son los bloques de construcción fundamentales de todos los organismos vivos, y para entender el origen de la vida hay que entender de qué están formadas las células.

Los bloques de construcción de todas las formas de vida están hechos de las mismas piezas. Lo que diferencia a un organismo de otro es la cantidad de piezas que tiene y cómo estas se vinculan entre ellas. Las piezas más básicas son los elementos, sustancias puras que están compuestas por un solo tipo de átomos. Es decir, un elemento es un ladrillo que no se puede dividir en partes más pequeñas. Con estos ladrillos se pueden construir otros bloques un poco más complejos: las moléculas, compuestas por dos o más átomos. Estas, a su vez, pueden combinarse y dar lugar al bloque de construcción fundamental para la vida: las células.

El elemento principal de la vida es el carbono. Cuando este se combina con otros elementos de la naturaleza como el oxígeno, el hidrógeno, el nitrógeno, el azufre o el fósforo, da lugar a las cuatro moléculas principales que forman las células de los seres vivos: los azúcares, los ácidos grasos, los aminoácidos y los nucleótidos. Estas cuatro moléculas son, literalmente, la base de la vida.

Las moléculas responsables de hacer las funciones que mantienen a un organismo con vida, las «moléculas orgánicas», se encuentran en todas las células vivas. Sin embargo, no todas las moléculas orgánicas tienen una relación directa con la vida. Los combustibles fósiles, como el petróleo o el gas natural, están formados por moléculas orgánicas, pero no están vivos. Sí que están relacionados de manera indirecta, ya que se han formado a partir de materia orgánica, como restos de plantas y animales que se han acumulado durante millones de años.

En cambio, las moléculas inorgánicas, como el agua, el oxígeno o el dióxido de carbono, tienen gran importancia para la vida, aunque no son tan complejas como para hacer las funciones biológicas.

¿Cómo surgió la vida?

El paso de moléculas inorgánicas a orgánicas fue un momento crucial en la historia de nuestro planeta porque permitió que se formaran los bloques de construcción de las primeras células vivas. Estas células fueron las precursoras de todas las formas de vida que existen en la actualidad, desde las bacterias hasta los seres humanos.

Entre la formación de las moléculas orgánicas simples, denominadas «monómeros», y la aparición de las primeras células, hay un paso intermedio. Los monómeros se combinan entre ellos para crear polímeros, como el ADN o las proteínas, que son moléculas más grandes y complejas, fundamentales para formar las células y, por tanto, la vida. Hoy en día sabemos que los polímeros se generan gracias a las enzimas, que también son polímeros. Así que nos encontramos ante una pregunta cuya respuesta se antoja complicada: ¿qué fue primero, las enzimas o los polímeros?

Entender el origen de la vida en nuestro planeta se puede simplificar en dos preguntas:

1. ¿Cómo surgieron las primeras moléculas orgánicas (monómeros)?
2. Para formar polímeros a partir de monómeros se necesitan las enzimas, que a su vez son polímeros, así que ¿cómo surgieron los primeros polímeros?

Sí, lo sé, esto parece el clásico «qué fue antes, la gallina o el huevo». Lamento decirte que ninguna de estas preguntas tiene respuesta. Hoy en día no se puede dar una explicación completa sobre cómo se formó la vida en la Tierra, pero vamos a ver cuáles son las hipótesis que más se acercan.

Hipótesis: la vida surgió espontáneamente

Esta hipótesis plantea que, hace miles de millones de años, la atmósfera de la Tierra era muy diferente a la que conocemos hoy en día. Había muchos gases en la atmósfera, como metano, amoníaco, hidrógeno y vapor de agua, que están formados por moléculas inorgánicas. Estos gases pudieron haberse combinado para formar moléculas orgánicas simples, como aminoácidos y azúcares.

Los científicos Miller y Urey quisieron corroborar esta hipótesis mediante un experimento. Crearon una atmósfera en miniatura, según ellos, similar a la atmósfera terrestre en sus inicios. Hicieron pasar chispas eléctricas a través de un recipiente con agua caliente con una mezcla de gases, simulando los relámpagos.

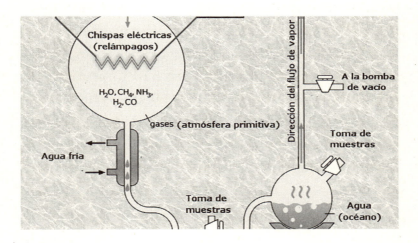

Figura 1. *Experimento de Miller y Urey.* © *YassineMrabet. Traducido al español por Alejandro Porto, fuente: Wikimedia Commons.*

Después de dejar el experimento funcionando durante una semana, Miller y Urey vieron que se habían generado diferentes tipos de moléculas orgánicas, como aminoácidos, azúcares y lípidos. Aunque no llegaron a formarse otras moléculas más grandes y complejas como las proteínas y el ADN (polímeros), este experimento demostró que al menos algunas de las piezas básicas de la vida (monómeros) pueden surgir naturalmente a partir de moléculas inorgánicas.

Otros experimentos han demostrado que se pueden crear moléculas orgánicas a partir de inorgánicas en atmósferas diferentes. Así que es razonable pensar que los primeros bloques de construcción de la vida surgieran de forma natural. Sin embargo, sigue siendo una incógnita cómo y en qué condiciones surgieron exactamente.

Una vez formadas las moléculas orgánicas simples (los monómeros), se unieron entre ellas para formar polímeros (moléculas más grandes y complejas) bajo ciertas condiciones. Algunos científicos descubrieron que, si calentaban los aminoácidos (monómeros) sin agua, podían unirse y formar proteínas (polímeros). Es posible que esto ocurriera en la Tierra primitiva, por ejemplo, con los aminoácidos del agua del mar cayendo sobre superficies calientes (como un chorro de lava). Esto provocaría la evaporación del agua, con lo que los aminoácidos se unirían para formar proteínas.

Otros experimentos han demostrado que algunos monómeros, como los nucleótidos, pueden combinarse para formar polímeros, como el ARN, cuando se exponen a una superficie de arcilla. Esto nos demuestra que no hay un único fenómeno natural que explique el origen de la vida, sino que se debió a la combinación de diferentes casualidades. ¿Cuáles? No lo sabemos exactamente.

Hipótesis: la vida llegó desde el espacio exterior

La hipótesis de la panspermia sugiere que la vida en la Tierra podría haber venido desde el espacio exterior a través de, por ejemplo, cometas o asteroides.

Según esta teoría, la materia orgánica pudo haberse formado en otro lugar del universo y haber viajado a través del espacio, protegida en rocas o capas de hielo, hasta llegar a nuestro planeta. Una vez aquí, se combinó con el entorno y evolucionó para dar origen a las diferentes formas de vida que existen hoy.

Aunque esta hipótesis no está completamente demostrada, se han encontrado algunas pruebas que sugieren que podría ser posible. Por ejemplo, se han detectado aminoácidos y otros componentes orgánicos en meteoritos, lo que apunta a que estos compuestos pudieron formarse fuera de la Tierra. Sin embargo, cabe recordar que los meteoritos son cuerpos del espacio exterior que aterrizaron aquí, es decir, es posible que esos componentes se adhirieran al meteorito una vez en la superficie de nuestro planeta y no fuera de él. Por tanto, podría ser que las muestras orgánicas analizadas estuvieran contaminadas y no fueran concluyentes.

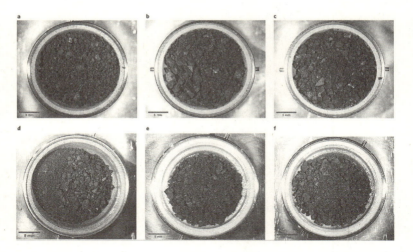

Figura 2. *En las muestras del asteroide Ryugu, traídas a la Tierra por la misión Hayabusa2 de la Agencia Espacial Japonesa (JAXA), se han encontrado varias moléculas orgánicas como aminoácidos.* © *Yada, T., Abe, M., Okada, T. et al., fuente: Wikimedia Commons.*

Para salir de dudas, una misión de la Agencia Espacial Japonesa (JAXA), llamada Hayabusa2, viajó hasta el asteroide Ryugu para tomar muestras de su superficie y las trajo de vuelta a la Tierra en diciembre de 2020. A principios de 2023, los científicos que estudiaron las muestras confirmaron que habían encontrado moléculas orgánicas en ellas.

Las condiciones de la misión se controlaron con mucho cuidado para reducir los efectos de la reentrada en la atmósfera y evitar la contaminación terrestre de las muestras. Por tanto, a diferencia de las moléculas halladas en meteoritos, la materia orgánica presente en las muestras de Ryugu se formó, con total seguridad, fuera del planeta Tierra, lo que demuestra que estas moléculas pueden sobrevivir en la superficie de los asteroides y ser transportadas por todo el sistema solar.

CONCLUSIÓN Y DEBATE

La mejor manera de buscar vida extraterrestre es entender cómo se originó la vida en nuestro propio planeta.

La Tierra se formó hace unos 4.500 millones de años. Se han encontrado pruebas en fósiles que demuestran que había vida hace 3.500 millones de años, pero se estima que se pudo haber originado hace unos 3.900 millones de años.

Nadie sabe exactamente cómo se originó la vida en nuestro planeta. Se han llevado a cabo experimentos que han concluido que las moléculas orgánicas se pueden formar a partir de moléculas inorgánicas de manera natural. Y, a partir de ellas, crear polímeros como el ADN y las proteínas. Por tanto, una hipótesis muy aceptada defiende que la vida surgió espontáneamente, fruto de varias casualidades.

Por otra parte, la hipótesis de la panspermia sugiere que la vida pudo llegar a la Tierra desde el espacio exterior. Las moléculas orgánicas encontradas en el asteroide Ryugu demuestran que pueden ser transportadas por el sistema solar. En caso de que esta hipótesis fuera cierta significaría que la vida podría ser más común en el universo de lo que pensamos y que podría haber otras formas de vida extraterrestre.

Con todo lo que has leído en este capítulo, ya tienes el conocimiento suficiente para conversar y debatir acerca de las siguientes cuestiones:

- Si existiera vida extraterrestre, ¿sería similar a la vida en la Tierra?
- ¿Cómo surgió la vida en la Tierra? ¿De forma natural o vino del espacio exterior?

2

¿Dónde buscar vida extraterrestre?

Ahora que entendemos cómo se formó la vida en la Tierra, el camino que seguir para encontrar extraterrestres está un poco más claro. Tenemos una ligera idea sobre hacia dónde debemos dirigir nuestra mirada en el vasto universo para hallar los ingredientes necesarios para la vida. Ahí es donde hay más posibilidades de que exista, o haya existido, vida extraterrestre. En este capítulo, vamos a ver cuáles son los principios que guían la búsqueda y las condiciones fundamentales para la existencia de vida tal como la conocemos.

La zona habitable

La zona habitable es una región alrededor de una estrella donde se dan las condiciones adecuadas para que exista agua líquida en la superficie de un planeta. El agua líquida es esencial para la vida que conocemos en la Tierra, por lo que buscar planetas dentro de la zona habitable es una prioridad cuando se investiga sobre vida extraterrestre.

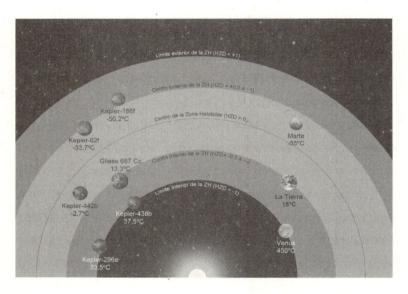

Figura 3. *La zona habitable es la región alrededor de una estrella donde la temperatura del planeta permitiría la presencia de agua líquida. Venus, la Tierra y Marte son los tres únicos planetas que están en la zona habitable del Sol.* © *Ph03nix1986, fuente: Wikimedia Commons.*

La zona habitable varía según las características de la estrella alrededor de la cual orbitan los planetas. Las estrellas más frías, como las enanas rojas, tienen una zona habitable más cercana, mientras que con las estrellas más calientes y grandes, como las gigantes azules, la zona habitable queda más alejada. La distancia a la que un planeta se encuentra de su estrella es solo uno de los factores que determinan si puede albergar vida.

Está región también se conoce como «zona Ricitos de Oro» porque, en el cuento, Ricitos de Oro escogió la cama que no era ni muy dura ni muy blanda. Cuando un planeta se halla en la zona habitable de una estrella quiere decir que, en algunas regiones de su superficie, la temperatura no es ni demasiado fría ni demasiado caliente, lo que permite que pueda haber agua líquida, requisito fundamental para la vida tal como la conocemos.

Marte y Venus, por ejemplo, son planetas que, al igual que la Tierra, se ubican en la zona habitable del Sol. O sea, que puede haber agua líquida por alguno de sus rincones, pero si te diera por subirte a una nave y volar hasta uno de nuestros planetas vecinos, nada más abrir la escotilla te pasarían una serie de cosas horribles que acabarían matándote en cuestión de minutos.

Para estar a salvo, vamos a ver algunos de los factores clave que deben darse para que la vida pueda surgir y desarrollarse.

Estabilidad climática

Un planeta habitable debe tener una órbita estable alrededor de su estrella para que sus condiciones climáticas sean también estables. En el caso de la Tierra, al orbitar alrededor del Sol, el clima varía en las diferentes estaciones del año.

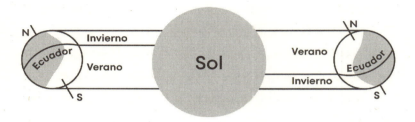

Figura 4. *La inclinación del eje de la Tierra provoca que las condiciones climáticas varíen a medida que nuestro planeta gira alrededor del Sol. Cuando un hemisferio apunta al Sol es verano, mientras que en el otro es invierno porque apunta hacia el espacio profundo. © Yearofthedragon, fuente: Wikimedia Commons.*

En el hemisferio norte es verano cuando la Tierra está más lejos del Sol e invierno cuando está más cerca. ¿Te ha sorprendido?

Realmente, la distancia entre la Tierra y el Sol tiene poco efecto sobre las estaciones del año. Lo que sí influye es la inclinación del eje de la Tierra. Cuando nuestro planeta llega al afelio de su órbita, es decir, al punto más alejado del Sol, el hemisferio norte está apuntando hacia la estrella, mientras que el sur lo hace hacia el espacio profundo. Por eso, el hemisferio norte está iluminado durante más horas, los rayos del Sol llegan más perpendiculares y se calienta más.

En cambio, cuando la Tierra está en el perihelio, que es el punto más cercano al Sol, pasa lo contrario. El hemisferio sur recibe más calor porque está apuntando hacia el Sol y en el hemisferio norte es invierno porque apunta hacia el espacio profundo.

Durante los equinoccios de primavera y otoño, ambos hemisferios tienen la misma inclinación con respecto al Sol, y por eso el clima es similar. De la misma manera, las regiones más cercanas al ecuador gozan de un clima muy estable durante todo el año porque su inclinación con respecto al Sol no varía. ¡Allí la gente puede ir a la playa todos los días!

Por tanto, es muy importante que la órbita de los planetas habitables sea estable para no alterar las condiciones climáticas de mala manera, cosa que dificulta la aparición de la vida.

Composición química adecuada

La vida requiere de una combinación de elementos químicos específicos, como carbono, hidrógeno, oxígeno, nitrógeno, fósforo y azufre, para surgir. Estos elementos son fundamentales para la formación de moléculas orgánicas, como los aminoácidos, los nucleótidos y los lípidos, que constituyen los bloques de construcción de los seres vivos, como vimos en el capítulo 1.

Atmósfera estabilizadora

Una atmósfera que proteja y estabilice la superficie de un planeta es crucial para la vida. Debe ser capaz de retener el agua líquida en el planeta y mantener una temperatura adecuada gracias al efecto invernadero, un fenómeno natural en que los gases de la atmósfera actúan como una manta que deja pasar los rayos del Sol, pero que impide que el calor de la Tierra se escape hacia el espacio.

La mayor parte de la energía del Sol que llega a la Tierra lo hace en forma de luz visible, la misma que ven nuestros ojos. Algunos de estos rayos vuelven al espacio cuando se reflejan en superficies blancas, como las nubes o los casquetes polares. Este fenómeno se conoce como «albedo», y es el mismo que da esa sensación de frescura que experimentas cuando vistes ropa blanca durante el verano.

Los gases de efecto invernadero de la atmósfera, esto es, el dióxido de carbono (CO_2), el metano (CH_4) y el vapor de agua (H_2O), son transparentes a la luz visible. Por eso los rayos solares que llegan hasta la superficie de la Tierra son absorbidos en forma de calor. Cuanto más oscura es la superficie, más calor absorbe. Por esto mismo sientes mucho calor cuando llevas ropa negra y te pones al sol.

A medida que la superficie de la Tierra se calienta, emite calor en forma de radiación infrarroja. Los gases de efecto invernadero tienen la capacidad de absorber este calor y devolverlo hacia la superficie, evitando que se escape hacia el espacio.

El efecto invernadero es importantísimo para la vida, pero todo en su justa medida. Durante los últimos doscientos años, los humanos hemos provocado que la concentración de gases de efecto invernadero en la atmósfera aumente mucho, principalmente porque quemamos combustibles fósiles (como carbón, petróleo y gas natural) para producir energía. Esto está haciendo que la manta de la atmósfera sea cada vez más gruesa, retenga cada vez más calor y acabe con una subida de la temperatura del planeta que, si no se controla, tendrá consecuencias catastróficas.

Energía disponible

La vida necesita una fuente de energía para funcionar. En la Tierra, la energía proviene principalmente del Sol. De hecho, la energía que obtenemos los humanos a través de la comida también viene del Sol.

La cadena trófica es el proceso de transferencia de energía y nutrientes a través de los diferentes niveles de un ecosistema. Comienza con la fotosíntesis, donde las plantas capturan la energía solar y producen glucosa. Los herbívoros se alimentan de las plantas y obtienen energía y nutrientes. Luego, los carnívoros se alimentan de los herbívoros y transfieren la energía acumulada. Según subimos en la cadena, los depredadores más grandes se alimentan de los carnívoros más pequeños.

Los humanos, que somos omnívoros, estamos en la parte superior de la cadena trófica y conseguimos energía y nutrientes tanto de fuentes vegetales como de fuentes animales. Pero nada de esto sería posible sin la energía del Sol, que se convierte en comida a través de las plantas.

De la misma manera, el movimiento del viento es resultado directo de la energía proporcionada por el Sol, que calienta de forma diferente la superficie terrestre debido a varios factores, entre ellos, la inclinación los rayos, la composición del suelo o la presencia de masas de agua como mares, ríos y lagos. Esto genera diferencias de temperatura. El aire que se calienta se expande y se vuelve menos denso y más ligero. A medida que el aire caliente asciende, el aire de alrededor, más frío y denso, se mueve para ocupar su lugar. Estos movimientos son los que permiten convertir la energía solar en energía eólica.

Estabilidad geológica

Un planeta habitable debe tener también una actividad geológica moderada. La actividad volcánica y la tectónica de placas son útiles porque ayudan a reciclar nutrientes y a mantener el ciclo del carbono. Sin embargo, una actividad geológica demasiado enérgica, como erupciones volcánicas masivas o terremotos catastróficos, sería perjudicial para la vida.

Protección contra la radiación

Quienes vivimos en la Tierra estamos protegidos de la radiación del espacio gracias a la magnetosfera, un escudo generado por el campo magnético del planeta.

El viento solar, que es una corriente de partículas con mucha energía emitidas por el Sol, y la radiación cósmica son perjudiciales para la vida e incluso pueden arrasar la atmósfera. Marte sufrió las consecuencias de estas amenazas cuando perdió su magnetosfera hace unos cuatro millones de años. Sin ese escudo, el viento solar acabó con gran parte de la atmósfera marciana, dejándola muy fina y convirtiendo el planeta en un lugar árido y hostil.

Aparte de la magnetosfera, la propia atmósfera también desempeña un papel muy importante, puesto que protege la superficie del planeta de la radiación. La capa de ozono absorbe la mayor parte de la radiación ultravioleta (UV) del Sol, salvaguardando a los seres vivos de los efectos de esta radiación. Aun así, algunos rayos ultravioletas son capaces de atravesar la capa de ozono y llegar a la superficie. Por eso es muy importante protegerse del Sol para evitar quemaduras y lesiones más graves.

Aunque se han descubierto organismos que pueden tener mecanismos de protección contra la radiación, como los tardígrados, es más probable encontrar vida en planetas que tengan un escudo contra el viento solar y la radiación cósmica.

CONCLUSIONES Y DEBATE

El segundo paso en nuestro viaje para encontrar vida extraterrestre nos ha llevado a entender cuáles son las condiciones que hacen que la Tierra sea idónea para albergar vida.

Nuestro planeta se encuentra en la zona de habitabilidad del Sol, que es la región donde la temperatura es la apropiada para que el agua exista en forma líquida. Aparte de la distancia al Sol, es importante que la órbita del planeta sea estable para asegurar que el clima no cambie bruscamente durante el año.

Una composición química adecuada, la estabilidad geológica y una fuente de energía que sea capaz de transformarse en comida, de igual manera que lo hacen las plantas con la fotosíntesis, son otros de los factores necesarios para que la vida prospere.

La atmósfera es crucial porque actúa como una manta que mantiene una temperatura equilibrada gracias al efecto invernadero. Además, nos protege de la radiación ultravioleta con la capa de ozono.

Por último, el campo magnético de la Tierra genera un escudo que nos protege del viento solar y evita que se lleve por delante la atmósfera, como seguramente le pasó a nuestro vecino Marte.

Con todo lo que has leído en este capítulo, ya tienes el conocimiento suficiente para conversar y debatir acerca de las siguientes cuestiones:

- ¿Crees que puede existir vida extraterrestre adaptada a condiciones más extremas que las que encontramos en la Tierra?
- Reflexiona sobre el gran número de casualidades que han tenido que darse para que la Tierra sea capaz de albergar vida. ¿Crees que algo así es posible que pase en otro sitio del universo?

SEGUNDA PARTE

VIDA EXTRATERRESTRE EN EL SISTEMA SOLAR

3

¿Hay vida extraterrestre en Marte?

Nuestro vecino Marte es, sin duda, el planeta sobre el que más libros se han escrito y más películas se han rodado acerca de los seres extraterrestres que pueden habitar en él.

Desde tiempos remotos, Marte ha ejercido un poderoso atractivo en la imaginación colectiva. El planeta rojo, con su distintivo color y su relativa proximidad a la Tierra, ha sido objeto de especulación y preguntas sobre la existencia de vida más allá de nuestro propio mundo. A lo largo de los siglos, nuestras percepciones y conocimientos sobre Marte han evolucionado, desde las antiguas creencias hasta los descubrimientos de la exploración espacial moderna. En el capítulo anterior vimos que se encuentra en la zona habitable del Sol. En este capítulo exploraremos la historia y la posibilidad real de vida extraterrestre en Marte.

Los canales de Schiaparelli

En el siglo XIX el astrónomo italiano Giovanni Schiaparelli hizo un descubrimiento que causó un gran revuelo en la comunidad científica y capturó la imaginación del público en general. Mientras observaba el planeta a través de

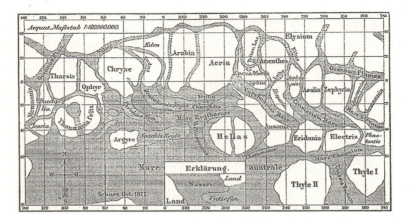

Figura 5. *Mapa de Marte dibujado por el astrónomo italiano Giovanni Schiaparelli. A las regiones oscuras las llamó «canales». Se pensaba que habían sido construidos por seres inteligentes para llevar el agua desde los casquetes polares hasta las regiones desérticas del planeta rojo.* © Meyers Konversations-Lexikon (German encyclopaedia), 1888, fuente: Wikimedia Commons.

su telescopio, Schiaparelli detectó una serie de líneas rectas en la superficie marciana que describió como canales. Sus observaciones despertaron la especulación sobre la posibilidad de vida. Muchos científicos de la época, como el astrónomo estadounidense Percival Lowell, plantearon que los canales habían sido construidos por seres inteligentes para llevar agua desde los casquetes polares hasta las regiones desérticas del planeta rojo.

Sin embargo, a medida que la tecnología avanzó, se hicieron observaciones más precisas de la superficie marciana que cuestionaron la existencia de los canales. En particular, las conclusiones del astrónomo estadounidense Edward M. Antoniadi a principios del siglo XX, que revelaron que los canales de Schiaparelli no eran estructuras lineales definidas, sino más bien características superficiales irregulares y difusas.

Primer sobrevuelo de Marte

En su punto más cercano, Marte está a cincuenta y cinco millones de kilómetros de la Tierra. Así que los estudios llevados a cabo con telescopios terrestres eran muy limitados. La mejor manera de explorar nuestro planeta vecino es, por tanto, yendo hasta allí.

Esta tarea no es nada fácil. A día de hoy, más de la mitad de las misiones que han intentado llegar a Marte han fracasado. La primera que tuvo éxito fue la nave Mariner 4, lanzada por la NASA en 1964. Voló hasta unos 9.800 kilómetros de la superficie del planeta y pudo hacer veintidós fotos.

Figura 6. *Cráteres marcianos vistos desde la sonda Mariner 4. Imagen de la NASA/JPL, fuente: Wikimedia Commons.*

Estas imágenes revelaron una superficie árida y desolada, sin signos visibles de vida, canales o estructuras artificiales. Esta fue la prueba definitiva para desmontar la idea de que los canales de Schiaparelli eran construcciones creadas por una civilización marciana.

Aunque las fotografías supusieron una desilusión para muchos, el interés por la búsqueda de vida extraterrestre en el planeta rojo no había hecho más que empezar. Enviar naves hasta Marte para estudiarlo desde el espacio fue un paso de gigante en la historia de la exploración espacial, puesto que estas misiones habrían sido capaces de confirmar si existía una civilización avanzada, pero desde tan lejos no podían descartar que haya vida microscópica. Para eso hay que bajar a la superficie.

Primer aterrizaje en Marte

Las misiones Viking de la NASA constituyeron el primer intento serio de buscar signos de vida en la superficie de Marte. Se lanzaron dos naves, Viking 1 y 2, para que, cuando llegaran a la órbita de Marte, hicieran un reconocimiento de la superficie durante varios meses para encontrar un sitio de aterrizaje adecuado. En ese momento, el módulo aterrizador se separaría para bajar hasta la superficie, mientras el módulo orbitador seguiría estudiando el planeta desde la distancia. El 20 de julio de 1976, el módulo de aterrizaje de la misión Viking 1 hizo historia al convertirse en el primer objeto de fabricación humana en aterrizar en el planeta rojo.

Los aterrizadores Viking llevaron experimentos diseñados para detectar actividad biológica en el suelo marciano, pero los resultados que obtuvieron no fueron concluyentes. Aunque no demostraron la existencia de vida en Marte, abrieron la puerta a futuras exploraciones y a un mayor entendimiento del planeta.

Descubrimiento de agua líquida

La siguiente gran evolución en el estudio de Marte fue con el descubrimiento de evidencia de agua en el planeta. En la década de los noventa, la misión Mars Global Surveyor de la NASA detectó características geológicas que indicaban que en el pasado había existido agua líquida en la superficie marciana.

La presencia de agua en Marte se pudo investigar con más detalle gracias al desarrollo de los róvers marcianos, que significó uno de los puntos de inflexión más importantes en el estudio del planeta rojo. Aunque ya se habían conducido róvers en la Luna, nunca se habían enviado a Marte.

Un róver es un vehículo de exploración diseñado para moverse por otro planeta u otro objeto astronómico. ¡Algunos son tan grandes como un coche SUV! Para llegar hasta su destino, el róver vuela encapsulado en una nave espacial que se encarga de las maniobras orbitales y de ejecutar un aterrizaje seguro. Una vez en suelo marciano, empieza a explorar de acuerdo con las instrucciones que recibe desde la Tierra. Los róvers Spirit, Opportunity y Curiosity de la

NASA, que aterrizaron en Marte en diferentes momentos, examinaron la composición del suelo, la geología y la atmósfera. Uno de los descubrimientos más relevantes fue el hallazgo de depósitos de minerales que solo se forman si en el pasado hubo agua líquida. Además, el Curiosity detectó compuestos orgánicos en el suelo marciano, lo que sugiere la existencia de los bloques de construcción básicos necesarios para la vida tal como la conocemos, como vimos en el capítulo 1.

Todos estos descubrimientos han dado fuerza a la posibilidad de que Marte pudiera haber albergado vida microscópica, al menos, en algún momento de su historia.

ExoMars: En busca de pruebas de vida en Marte

Todas las investigaciones sobre Marte llevadas a cabo hasta el día de hoy hacen pensar a los científicos que es muy posible que en el pasado fuera habitado por microorganismos vivos. Hasta ahora solo hemos podido ver su superficie, que, como vimos en el capítulo 2, es árida y estéril debido a la radiación. Por tanto, el siguiente paso para encontrar vida extraterrestre en Marte es buscar bajo tierra. «¿Y cómo se hace eso y qué implica?», te preguntarás. Pues bien, todo empezó con la misión ExoMars, un proyecto científico de la Agencia Espacial Europea (ESA) en colaboración con la Agencia Espacial Rusa (Roscosmos). Su objetivo: investigar la posibilidad de vida pasada o presente en Marte y estudiar mejor la geología y la atmósfera del planeta rojo. ExoMars combina la exploración orbital y la exploración en superficie para obtener datos detallados y ofrecer una visión más completa de nuestro vecino planetario. ¡Casi nada! Solo superado por el «a que voy yo y lo encuentro» que te diría tu madre.

ExoMars se divide en dos partes: la primera se lanzó en 2016 e incluyó el orbitador Trace Gas Orbiter (TGO) y el módulo de demostración de entrada, descenso y aterrizaje conocido como Schiaparelli. ¿Te suena el nombre?

El TGO es una nave que estudia la atmósfera marciana para detectar rastros de gases que podrían estar asociados con actividad biológica, como el metano. Además, sirve como enlace de comunicación entre los futuros róvers en superficie y la Tierra. Este orbitador se encuentra en la actualidad en órbita alrededor de Marte y ha estado adquiriendo datos desde su llegada.

Por otro lado, el demostrador Schiaparelli fue diseñado para probar tecnologías de entrada, descenso y aterrizaje necesarias para futuras misiones en Marte. Lamentablemente, su fase de aterrizaje no tuvo éxito. Aunque no es la situación ideal, el experimento sirvió para recoger información que ayudará a mejorar y perfeccionar los futuros aterrizajes en Marte.

La segunda parte de la misión ExoMars, programada para 2028, incluye el róver Rosalind Franklin, nombrado en honor a la famosa científica británica, que perforará el suelo marciano y buscará pruebas de vida pasada o presente. Esto lo hará tomando muestras de suelo y las analizará en busca de biomarcadores y compuestos orgánicos que puedan indicar la presencia de actividad biológica en algún momento en la historia de Marte.

Aparte del róver, que se moverá por la superficie, la plataforma de superficie Kazachok se quedará quieta tomando imágenes de la zona de aterrizaje y estudiando el clima y la atmósfera del planeta a largo plazo.

Recolección de muestras marcianas

Los róvers que estudian Marte, como el Curiosity o el Rosalind Franklin, llevan un minilaboratorio incorporado que consta de diferentes instrumentos para analizar las muestras que toman y enviar un informe de los resultados de vuelta a la Tierra. Estos laboratorios son muy limitados porque llevar algo hasta Marte es muy caro. El siguiente paso en la búsqueda de vida extraterrestre es recoger muestras del planeta rojo y traerlas de vuelta para estudiarlas con todos los recursos de los laboratorios de la Tierra.

Estas muestras hay que recogerlas en los lugares donde sea más probable que existiera vida en el pasado, cuando los ríos fluían hacia los mares y lagos. Así que, si alguna vez hubo vida en el planeta rojo, será más fácil encontrarla cerca de donde hubo agua. Por eso, el sitio donde se está centrando la recogida de muestras es un antiguo delta formado por un río que desembocaba en un lago que hoy se conoce como «cráter Jezero».

Se cree que el lago se quedó sin agua hace unos 3.500 millones de años, pero en algún lugar dentro del cráter, de 45 kilómetros de ancho y 610 metros de altura, podría haber bioindicadores: prueba de que alguna vez existió vida.

Este fue el sitio de aterrizaje del Perseverance, el róver que llevará a cabo la primera fase del proyecto Mars Sample Return: la recolección de muestras. El Perseverance tiene un tamaño similar al de un coche pequeño, como un Seat 600. Su misión despegó el 30 de julio de 2020 y aterrizó con éxito en Marte siete meses después, el 18 de febrero de 2021.

El Perseverance se alimenta con una batería nuclear que durará unos catorce años. Este sistema, denominado «generador termoeléctrico de radioisótopos», produce un flujo de electricidad utilizando el calor de la desintegración radiactiva del plutonio como «combustible». Además de la batería, el róver lleva varios instrumentos a bordo para estudiar Marte en directo. PIXL (Planetary Instrument for X-ray Lithochemistry) utiliza rayos X para analizar la composición química de las rocas y el suelo marciano. Esto ayudará a comprender mejor la geología y la historia de Marte, y a identificar posibles lugares donde podría haber existido vida en el pasado. El instrumento SuperCam usa un láser para vaporizar pequeñas rocas y analizar la composición de los gases liberados. También cuenta con MEDA (Mars Environmental Dynamics Analyzer), que mide las condiciones climáticas, la radiación y otros factores ambientales en la superficie marciana.

Acompañando al Perseverance está el helicóptero Ingenuity, el primer vehículo hecho por humanos capaz de despegar y aterrizar en un planeta diferente a la Tierra. Este helicóptero efectúa vuelos cortos y toma imágenes del área alrededor del róver, con lo que ofrece una perspectiva sin precedentes para la investigación científica.

Todos los datos obtenidos por el Perseverance y el Ingenuity se transmiten de vuelta a la Tierra mediante la Mars Relay Network, una red de satélites que orbitan alrededor de Marte para recibir las señales del róver y retransmitirlas hacia las antenas terrestres, donde serán estudiadas por los investigadores. De la misma manera, los científicos pueden enviar instrucciones desde la Tierra, que rebotarán en la Mars Relay Network, para programar el Perseverance y controlarlo desde la distancia.

En julio de 2023, los investigadores que analizaron la información enviada por el Perseverance desde Marte encontraron evidencia de moléculas orgánicas en el cráter Jezero, lo que podría ser una prueba de los ciclos del carbono del planeta y su capacidad para albergar vida. Este descubrimiento no confirma que alguna vez existiera vida en el planeta rojo, pero es una señal de que alguna vez existieron las condiciones necesarias para la vida tal como la conocemos.

Un trocito de Marte de vuelta a la Tierra

Figura 7. *Vehículo de ascenso llevando las muestras de la superficie marciana tomadas por el róver Perseverance de vuelta al espacio. Imagen de la NASA/JPL, fuente: Wikimedia Commons.*

El róver Perseverance está equipado con un taladro y un sistema de almacenamiento para recolectar muestras del suelo marciano. A mediados de 2023, el Perseverance ya ha recogido 19 de las 38 muestras que tiene planeadas. Las ha sellado en tubos herméticos y las ha dejado en la superficie para su recuperación en futuras misiones.

La misión de recuperación tendrá dos partes: una nave se quedará orbitando alrededor de Marte, mientras una plataforma aterrizará cerca del Perseverance, donde el róver depositará las muestras que ha ido recogiendo durante estos años. El contenedor de muestras estará incorporado en un pequeño cohete para llevarlo de vuelta a la nave en órbita marciana.

Cuando el vehículo de ascenso se encuentre con la nave orbital, le dará el contenedor de muestras para que las lleve de regreso a nuestro planeta. Una de las fases más críticas del proceso es la entrada, el descenso y el aterrizaje de la nave de retorno en la Tierra. La nave hará un descenso controlado antes de aterrizar en un lugar designado, donde un equipo de la NASA recibirá las muestras y las transportará a instalaciones de alta seguridad.

Es importantísimo asegurar que las muestras están en todo momento selladas para que no haya posibilidad alguna de que se contaminen con material biológico de la Tierra, si no, los resultados podrían dar un falso positivo de existencia de vida extraterrestre en Marte.

El análisis de las muestras marcianas se hará en laboratorios de vanguardia, donde se utilizarán técnicas avanzadas para estudiar la estructura mineralógica, la composición química y la posible existencia de rastros de vida (pasada o presente). Los científicos esperan que estas muestras revelen secretos sobre la historia geológica y biológica de Marte, así como que proporcionen pistas sobre la posibilidad de que haya vida en el planeta rojo.

CONCLUSIÓN Y DEBATE

Aunque los canales de Schiaparelli resultaron ser una ilusión óptica, su descubrimiento desencadenó un fervor por explorar la posibilidad de vida en el planeta rojo.

Hace más de cincuenta años que los humanos no paramos de enviar naves hasta Marte para entender qué pasó allí. ¿Era habitable? ¿Hubo vida? ¿Qué ocurrió para que se volviera así de árido? ¿Hay vida actualmente?

Cada misión espacial nos brinda una visión más profunda de la historia y la habitabilidad de Marte. Sabemos que hay agua líquida, que en el pasado pudo haber ríos, mares y lagos. Además, se han encontrado compuestos orgánicos que abren la puerta a la existencia de vida, tanto pasada como presente.

Ahora mismo, mientras escribo estas palabras, el róver Perseverance está taladrando la superficie de Marte y guardando muestras extraídas de debajo de la superficie del planeta. En unos años, antes de 2030, una nave irá a por ellas y las traerá de vuelta a la Tierra. Los científicos que las estudien serán los primeros humanos que entrarán en contacto con el planeta rojo.

Estas muestras contienen información muy valiosa sobre la posible presencia de compuestos orgánicos y biomarcadores, así como pistas sobre la habitabilidad pasada o presente del planeta. Son una ventana a nuestro deseo de descubrir si estamos solos en el universo.

Con todo lo que has leído en este capítulo, ya estás preparado para reflexionar y discutir con tus amigos sobre las siguientes cuestiones:

- ¿Por qué la existencia de vida extraterrestre en Marte ha despertado siempre tanta curiosidad?
- ¿Crees que en el pasado hubo vida en Marte? ¿Cuán avanzada pudo llegar a ser?
- ¿Crees que actualmente hay vida microscópica en Marte? ¿Bajo su superficie quizá?

4

Venus:
¿puede haber vida en el infierno?

A estas alturas ya sabemos que en la zona habitable del sistema solar encontramos tres planetas: la Tierra, Marte y Venus, que suele pasar más desapercibido. Venus es el segundo planeta más cercano al Sol, con un clima desafiante para la vida tal como la conocemos. Aunque en la superficie las condiciones son extremas, con una temperatura media de 475 °C, una densa atmósfera de dióxido de carbono y lluvias de ácido sulfúrico, presenta algunas características que han llevado a los científicos a considerar la posibilidad de que pueda albergar vida.

Las condiciones infernales de Venus

Venus es uno de los cuatro planetas terrestres. Todos ellos tienen una superficie rocosa compacta y una atmósfera

Figura 8. *Los planetas terrestres a escala, ordenados del más cercano al más lejano con respecto al Sol. De izquierda a derecha: Mercurio, Venus, La Tierra y Marte. Foto de Mercurio: imagen de la NASA/ JHUAPL, foto de Venus: imagen de la NASA/Johns Hopkins University Applied Physics Laboratory/Carnegie Institution of Washington, foto de la Tierra: Imagen de la NASA/Tripulación del Apolo 17, imagen de Marte: ESA/MPS/UPD/LAM/IAA/RSSD/INTA/UPM/ DASP/IDA, fuente: Wikimedia Commons.*

fina en comparación con su tamaño total. A Venus se le suele llamar el «hermano gemelo» de la Tierra porque su tamaño y densidad son muy parecidos. Sin embargo, no son gemelos idénticos. Venus rota en sentido contrario al de la Tierra, o sea, allí el Sol sale por el oeste y se pone por el este. Su atmósfera es densa, tóxica, rica en dióxido de carbono, y está permanentemente envuelta en espesas nubes amarillentas de ácido sulfúrico. La presión atmosférica en su superficie es asfixiante, más de noventa veces la de la Tierra. Para que te hagas una idea, es similar a la presión que sentirías a unos 900 metros bajo el mar, que no sería muy agradable. Esto se debe a que la densidad del aire es mucho más alta que en la Tierra.

La concentración de dióxido de carbono en su atmósfera ha provocado un efecto invernadero tan monstruoso que la temperatura de su superficie es lo suficientemente alta como para derretir el plomo. Esto ha convertido a Venus en el planeta más caliente del sistema solar, incluso supera a Mercurio, que es el más cercano al Sol.

En el capítulo 2 hablábamos de la importancia del efecto invernadero para que un planeta pueda ser habitable, pero si el efecto es demasiado intenso, resulta catastrófico. Hoy en día, el incremento de emisiones de dióxido de carbono en la atmósfera de la Tierra está provocando un aumento del efecto invernadero y de la temperatura media en el planeta. Conviene no tomárselo a broma porque, si lo lleváramos al extremo, nos encontraríamos en la situación de Venus. Y si en Venus se derrite el plomo, ¿qué crees que le pasaría a la piel humana?

Posibilidades de vida en condiciones extremas

Definitivamente, Venus no parece ser el mejor destino para unas vacaciones. Sus condiciones infernales hacen que sea poco probable que pueda albergar la vida que nosotros conocemos, aunque la adaptabilidad de la vida en la Tierra nos ha enseñado a no subestimar la capacidad de algunos seres vivos para sobrevivir y prosperar en entornos hostiles.

Existe la hipótesis de que las altas nubes del planeta gemelo puedan ser un refugio para algunos microorganismos. Allí, la temperatura no es tan alta y la presión atmosférica es similar a la de la superficie de la Tierra. Estas nubes están compuestas de ácido sulfúrico, una sustancia que, aunque parezca mentira, puede ser un hábitat adecuado para microorganismos extremófilos, capaces de resistir en condiciones desfavorables.

Algunos estudios científicos apoyan esta hipótesis, lo que anima a las agencias espaciales a invertir en misiones para conseguir más información. Otros estudios, en cambio, afirman que todos los seres vivos, por muy resistentes que sean, necesitan una mínima dosis de agua que, por ahora, no se ha encontrado en Venus. De todas maneras, esta cuestión sigue siendo objeto de debate y nos deja una pregunta abierta: ¿podría haber microorganismos extremófilos flotando en las nubes de Venus?

Microorganismos extremófilos

Durante las últimas décadas se han hecho varios estudios científicos de organismos que viven en los límites de la existencia de nuestro planeta, conocidos como «extremófilos». Estos seres prosperan en hábitats que para otras formas de vida terrestre son muy adversos o, incluso, letales. Algunos pueden crecer entre desechos tóxicos, disolventes orgánicos, metales pesados o en otros medios que antes se consideraban imposibles para la vida.

Figura 9. *Un tardígrado, también llamado oso de agua, visto a través de un microscopio electrónico de barrido. Es un microorganismo extremófilo capaz de sobrevivir en el vacío del espacio, a presiones altísimas y en un rango de temperaturas desde casi el cero absoluto hasta 150 °C. © Schokraie E, Warnken U, Hotz-Wagenblatt A, Grohme MA, Hengherr S, et al. (2012), fuente: Wikimedia Commons.*

En nuestro planeta se han encontrado extremófilos a más de seis mil metros bajo tierra y a más de diez mil bajo el océano, soportando presiones más de mil veces superiores a la de la superficie. Algunos pueden sobrevivir desde condiciones extremadamente ácidas hasta extremadamente alcalinas; y desde altas temperaturas, a 122 °C, hasta agua de mar congelada a −20 °C. Varios organismos han demostrado que no solo pueden tolerar esas condiciones, sino que las necesitan para vivir.

Los organismos extremófilos que se llevan el premio a la supervivencia extrema son los tardígrados, u «osos de agua». Pueden hibernar durante largos periodos de tiempo para adaptarse a las condiciones más hostiles. En estudios de laboratorio han llegado a aguantar temperaturas cercanas al cero absoluto, que equivale a –273,15 °C, la mínima temperatura que se puede alcanzar en el universo. El cero absoluto existe porque la temperatura es una medida de la energía cinética de las partículas que componen la materia. Cuanto más rápido se muevan las partículas, mayor será la energía que pueden transmitir en forma de calor y, por tanto, mayor será su temperatura. En cambio, cuando la temperatura de un cuerpo baja, significa que sus partículas se mueven cada vez más despacio, hasta el límite en que se quedarán totalmente quietas, cuando lleguen a la mínima temperatura a la que pueden admitir: el cero absoluto. A menos que vivas en la provincia de León, no es habitual llegar al cero absoluto en la vida cotidiana. Por eso la escala Celsius se basa en las propiedades del agua, siendo el 0 °C el punto de congelación y los 100 °C el punto de ebullición. En cambio, en ciencia se usa la escala Kelvin, que no tiene valores negativos porque empieza en el cero absoluto. Por eso, 0 K equivalen a –273,15 °C y 0 °C, a 273,15 K.

En septiembre de 2007, como parte de la misión Foton-M3, la Agencia Espacial Europea lanzó una nave al espacio con diferentes experimentos. Uno de ellos consistía en un grupo de tardígrados que durante diez días estuvieron expuestos al vacío y a la hostil radiación del espacio. Fueron capaces de sobrevivir manteniendo su capacidad reproductiva, por eso se les considera el ser vivo más resistente conocido hasta la fecha. Además, si no tienen agua, pueden estar varios años en estado de hibernación, y se reactivarán cuando se les vuelva a suministrar.

Cuadro explicativo: Estudiando la atmósfera de Venus desde la Tierra

Los gases traza son aquellos que están presentes en pequeñas cantidades dentro de un entorno muy grande, como la atmósfera de un planeta. Es lo mismo que los productos que pueden contener trazas de alérgenos, por ejemplo, el gluten o la lactosa.

Los radiotelescopios permiten analizar desde la Tierra los gases traza de otros planetas e identificar la composición química de su atmósfera sin tener que enviar una nave hasta allí. Parece increíble, ¿verdad? ¡Pues es cierto! Además de facilitar el estudio de otros mundos, las técnicas de teledetección han significado grandes avances en medicina porque posibilitan ver qué ocurre dentro de nuestro cuerpo sin necesidad de abrirnos en canal.

Los radiotelescopios reciben los rayos de luz de un planeta y los dividen en varias frecuencias que crean un espectro. Como algunos gases presentes en la atmósfera del planeta bloquean los rayos en determinadas frecuencias, el espectro recibido presenta huecos. De esta manera, los científicos pueden leer el espectro como si fuera un código de barras y determinar la composición de la atmósfera. A esta técnica se le llama «espectroscopía».

Para poder leer el código de barras de planetas tan lejanos se necesitaría un radiotelescopio con un diámetro de varios kilómetros. Con la tecnología actual no es factible ni construir ni operar una antena tan grande. Por eso, para observar otros planetas se utilizan interferómetros, como el del Observatorio ALMA, situado en el desierto de Atacama (Chile). ALMA tiene sesenta y seis antenas con un diámetro de siete a doce metros, monstruosas si las comparamos con las parabólicas domésticas para ver la televisión por satélite, pero pequeñas en relación con lo que sería un disco kilométrico.

Un interferómetro funciona apuntando las antenas hacia el mismo punto del espacio y combinando las señales recibidas en cada una. La precisión obtenida es equivalente a la que daría un telescopio tan grande como la máxima separación entre las antenas, que en el caso de ALMA es de 16 kilómetros. Así, es mucho más viable construir y operar varias antenas relativamente pequeñas en vez de una sola de varios kilómetros.

Descubrimiento de fosfina

En 2021 se publicó un estudio científico que revolucionó el mundo de la astrobiología. Se había detectado fosfina en las nubes de Venus mediante observaciones hechas desde el observatorio ALMA de Chile. La fosfina es un gas que, en la Tierra, está asociado con procesos biológicos. Así que, si las medidas son correctas, sería un posible indicador de vida microbiana en Venus.

Sin embargo, la publicación de estos resultados ha dado lugar a muchas preguntas. Para garantizar la calidad y la validez de la investigación, otros científicos evalúan y critican el estudio de manera objetiva. Básicamente, intentan desmontar los métodos, los resultados y las conclusiones. Esto no se hace por envidia, sino para garantizar que la investigación es sólida y aporta conocimiento veraz. El método científico es un proceso que guía la investigación y la publicación de estudios en revistas especializadas. Antes de que un estudio sea publicado, pasa por una revisión exhaustiva por parte de expertos en el campo, conocida como «revisión por pares». Aunque este proceso de evaluación es muy riguroso, las conclusiones de un artículo científico no se toman como una verdad absoluta.

Así, varios investigadores han intentado verificar los resultados del descubrimiento de fosfina, poniendo a prueba las conclusiones alcanzadas. Se ha creado un debate enorme y se han publicado nuevos artículos que aportan puntos de vista diferentes. Esto ha obligado a los autores del estudio original a revisar sus métodos más a fondo y a informar a los editores de la revista donde se publicó, *Nature Astronomy*, sobre un error en el procesamiento original de los datos del Observatorio ALMA que respaldan las conclusiones del artículo.

Aunque la detección de fosfina en Venus aún está por confirmar, la posibilidad de que las nubes altas de Venus alberguen vida sigue estando sobre la mesa. Esta discusión ha dado lugar a nuevas preguntas y ha hecho crecer el interés por futuras misiones de exploración del planeta gemelo.

Desafíos en la exploración de Venus

Enviar naves a Venus cobra cada vez más sentido para varias áreas de la exploración espacial. Aparte de la posibilidad de encontrar signos de vida, la información que recaben las misiones de Venus es esencial para estudiar planetas situados fuera del sistema solar, porque los primeros datos que los científicos suelen recopilar sobre un exoplaneta son su tamaño y su distancia respecto a su estrella, pero teniendo en cuenta solo esta información, la Tierra y Venus se ven esencialmente iguales. Estudiando Venus desde cerca aprenderemos a identificar sus características en planetas más lejanos. Hablaremos del estudio de los exoplanetas con más detalle en el capítulo 6.

La exploración *in situ* de Venus siempre ha sido muy complicada debido a las características infernales del planeta. Las naves enviadas a su superficie siempre han tenido una vida útil muy limitada. El récord lo tiene la sonda Venera 13, lanzada por la Unión Soviética en 1981, que sobrevivió poco más de dos horas debido a las condiciones extremas.

Ante tales condiciones, los científicos e ingenieros de la época diseñaban las misiones para que descendieran más rápido, maximizando el tiempo en altitudes más bajas para enviar nuevos datos útiles antes de su inevitable destrucción.

La próxima nave que llegará a la superficie de Venus es DAVINCI. Su aterrizaje está planeado para 2031. Se sumergirá a través de la densa atmósfera venusiana para recopilar datos sobre la composición química y las propiedades atmosféricas. También llevará cámaras para tomar imágenes de alta resolución de la superficie del planeta durante el descenso.

Como te imaginarás, aterrizar en la superficie de Venus es extremadamente complicado. El módulo de aterrizaje tiene que atravesar unos treinta y cinco kilómetros de la densa y turbia atmósfera inferior antes de los últimos dos kilómetros, donde el suelo se vuelve visible. El descenso empieza con una agradable temperatura de 20 °C y se dispara hasta más de 450 °C justo antes de llegar a la superficie. (Piensa que, para hacer una pizza en casa, un horno de cocina normal funciona a unos 200 °C). Cerca de la superficie, el aire es tan denso que el módulo de aterrizaje se posará en el suelo de manera similar a cómo una piedra cae en el agua. Aunque el objetivo principal de DAVINCI es recoger datos durante el descenso, es posible que sobreviva hasta veinte minutos tras su aterrizaje en la superficie de Venus.

Las misiones VERITAS y EnVision, también planeadas para la década de 2030, completarán a DAVINCI con observaciones desde la órbita alrededor del planeta. Toda esta información será crucial para comprender mejor el clima, la geología y la habitabilidad de Venus, tanto en el pasado como en la actualidad.

CONCLUSIÓN Y DEBATE

Que Venus sea un lugar abrasador y desolado no significa que no valga la pena estudiarlo. La pregunta que despierta más curiosidad sobre nuestro vecino es: ¿Por qué, a pesar de ser tan similar a la Tierra, sus condiciones climáticas son tan diferentes?

Es solo un poco más pequeño que nuestro planeta y está ligeramente más cerca del Sol, pero estas dos diferencias por sí solas no son suficientes para explicar por qué uno es habitable para millones de especies, mientras que en el otro llueve ácido sulfúrico y su superficie puede derretir el plomo. Entender qué le pasó al clima de Venus ayudará a proteger el de la Tierra.

La segunda pregunta que la comunidad científica intenta responder, en mi opinión, la más emocionante, es si es posible que haya vida en Venus. No solo en el pasado, sino ahora mismo.

Recientemente, un estudio científico afirmaba haber encontrado fosfina en la atmósfera de Venus, dando pie a la existencia de vida. Aun así, en este capítulo hemos visto los entresijos del método científico y lo tremendamente difícil que es llegar a verdades absolutas.

Si es tan difícil llegar a conclusiones acertadas, ¿cómo vamos a creer que el ufólogo que sale en la tele tiene la verdad absoluta diciendo que ha visto ovnis y varios «expertos» le han confirmado que el gobierno nos oculta información?

Este enfoque crítico y de revisión continua es esencial para garantizar la robustez y la veracidad de los descubrimientos científicos, permitiendo un avance sólido del conocimiento. Las respuestas llegarán con el tiempo, la aportación de recursos a la ciencia y el avance tecnológico.

Con todo lo que has leído en este capítulo, ya eres capaz de reflexionar e investigar por tu cuenta sobre una lista de temas muy variados que les puedes plantear a tus amigos y familia para discutir. Te propongo algunos:

- Si una civilización de otro sistema solar nos está observando desde lejos, pensarán que Venus y la Tierra son planetas prácticamente idénticos. Tienen un tamaño muy parecido y ambos están en la zona habitable del Sol. Entonces ¿qué ha pasado a lo largo de su historia para que sean tan diferentes?

- En el pasado, Venus pudo haber sido habitable, con un clima similar al de la Tierra. Sin embargo, el aumento del dióxido de carbono en su atmósfera provocó un cambio climático con un efecto invernadero monstruoso que lo convirtió en el infierno que es ahora. ¿Crees que le podría pasar lo mismo a la Tierra?

- El descubrimiento de fosfina en Venus ha revolucionado el mundo de la búsqueda de vida extraterrestre y ha generado un debate enorme en la comunidad científica. ¿Crees que es posible que existan microorganismos extremófilos en las nubes de Venus?

- Ahora que conoces cómo funciona el procedimiento para publicar estudios científicos, la rigurosidad de las revisiones y la constante puesta en duda de los resultados, ¿confías más en los estudios científicos que en lo que pueda decir cualquier pseudoexperto en la tele o internet?

5

Vida subterránea en las lunas de Júpiter y Saturno

Como vimos en el capítulo 2, un planeta se encuentra en la zona habitable de una estrella cuando sus condiciones climáticas permiten que exista agua líquida en su superficie, pero ¿qué pasa con lo que pueda haber bajo tierra?

La vida también puede existir debajo de la superficie de un planeta, en océanos subterráneos o incluso en lunas de planetas gaseosos. Este enfoque más amplio aumenta el número de cuerpos celestes potencialmente habitables y anima a los investigadores a explorar más allá de los límites de los planetas similares a la Tierra.

Europa: el mundo oceánico de Júpiter

En 1610, el astrónomo Galileo Galilei descubrió que Júpiter estaba rodeado de lunas. Fue el primer humano en observar los satélites galileanos, llamados así en su honor.

Europa es una de las lunas de Júpiter que lleva décadas llamando la atención de la comunidad científica porque es posible que almacene el doble de agua que la Tierra. Es un poco más pequeña que nuestra Luna, pero mucho más fría porque está cinco veces más lejos del Sol. Por eso, toda el agua de su superficie estaría congelada.

Una misión de la NASA orbitó alrededor de Júpiter durante más de ocho años y realizó varios sobrevuelos cercanos a sus lunas. La información que la nave Galileo, bautizada así también en honor al astrónomo, envió de vuelta a la Tierra llevó a los científicos a pensar que la luna Europa puede tener un gran océano de agua salada oculto bajo su superficie helada.

Al igual que nuestro satélite, Europa siempre mira hacia Júpiter con la misma cara. O sea, que si vivieras en Júpiter siempre verías el mismo lado de su luna. La órbita de Europa alrededor de Júpiter no es perfectamente circular, por eso, cuando está cerca de Júpiter, siente una fuerza de gravedad más intensa, y cuando está lejos, el tirón gravitatorio es más débil. Estas variaciones provocan que Europa se estire y se contraiga cíclicamente, creando fricción y calentando su interior. De esta manera, el agua subterránea puede hallarse en estado líquido a pesar de estar tan lejos del Sol. Además, la fricción le aporta a Europa la energía necesaria para que la vida pueda prosperar.

Parece que Europa cuenta con los ingredientes necesarios para la vida que vimos en el capítulo 2: agua líquida, energía, componentes químicos básicos y estabilidad. Por eso, la NASA está preparando una misión, llamada «Europa Clipper», que volverá a visitar Europa con más detalle. Su lanzamiento está planeado para octubre de 2024 y se estima que su llegada a la órbita de Júpiter se producirá en 2030. Su misión: confirmar que hay sitios debajo de la superficie de Europa que pueden albergar vida.

Misión Cassini-Huygens

Desde 1997, la misión Cassini nos ha llevado hasta los alrededores de Saturno, enseñándonos unos mundos con ríos y mares de metano y otros con géiseres de hielo lanzándose hacia el espacio. Cassini llevaba un compañero de viaje: la sonda Huygens, de la Agencia Espacial Europea. Esta se convirtió en el primer objeto de fabricación humana en aterrizar en un cuerpo del lejano sistema solar cuando se lanzó hacia la superficie de una de las lunas de Saturno: Titán.

Tras más de veinte años volando por el espacio, a Cassini se le agotó el combustible. Para proteger a las lunas de Saturno, que es posible que alberguen vida extraterrestre, la misión final de Cassini consistió en sumergirse en la atmósfera de Saturno, enviando información a la Tierra hasta el último instante.

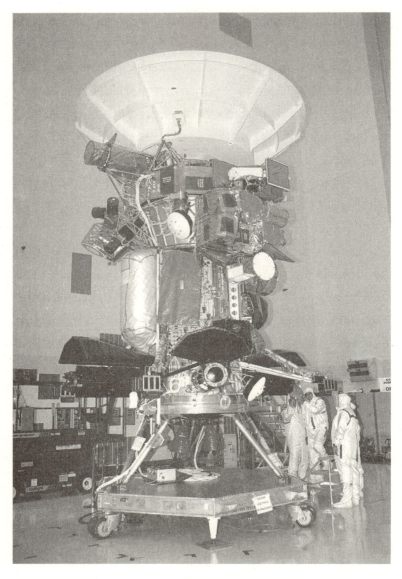

Figura 10. *Trabajadores de la NASA verificando el funcionamiento de uno de los instrumentos de la nave Cassini, que tiene una altura de 6,8 metros. Imagen de la NASA, fuente: Wikimedia Commons.*

La información transmitida por Cassini durante sus trece años alrededor de Saturno y sus lunas se estudiará en la Tierra durante décadas. Aunque entre esos datos aún quedan muchos descubrimientos por ser revelados, lo que sí sabemos es que Cassini visitó dos mundos donde es posible que exista vida extraterrestre.

Encélado

Los investigadores que recibieron los datos de la misión Cassini se quedaron asombrados cuando descubrieron columnas de agua, partículas de hielo y materiales orgánicos simples que salían hacia el espacio desde el polo sur de Encélado. Esta es la sexta luna más grande de Saturno, con unos quinientos kilómetros de diámetro.

En 2005, Cassini hizo varios sobrevuelos cercanos a Encélado y tomó imágenes de su superficie con mucho detalle. Se han descubierto más de cien géiseres que lanzan al espacio unos doscientos kilos de material por segundo, llamados «criovolcanes». Parte del vapor de agua cae sobre la superficie en forma de nieve extraterrestre, mientras que el resto escapa y se une a uno de los anillos de Saturno.

Aunque la comunidad científica ya tenía bastante claro que el agua de los criovolcanes tenía que venir de una reserva subterránea, en 2014, la NASA informó de que Cassini había encontrado pruebas de un gran océano subsuperficial en el polo sur de Encélado, compuesto por agua líquida con un espesor de alrededor de diez kilómetros.

Figura 11. *Polo sur de Encélado, una de las lunas de Saturno. La imagen fue tomada por la sonda Cassini el 14 de julio de 2005. Abajo se ven las llamadas «rayas de tigre», donde se originan los géiseres. Imagen de la NASA/JPL/Space Science Institute, fuente: Wikimedia Commons.*

A diferencia de Europa, los investigadores no tienen claro cuál es la fuente de energía de Encélado, pero el estudio de los géiseres indica que hay suficiente energía bajo la superficie.

Figura 12. *Géiser saliendo del polo sur de Encélado. Imagen tomada por la sonda Cassini en 2005. Imagen de la NASA/JPL/Space Science Institute, fuente: Wikimedia Commons.*

Ahora, las moléculas orgánicas contenidas en los chorros de agua son la última clave para ofrecer más detalles sobre la presencia de vida en las profundidades del océano. En junio de 2023, un grupo de astrónomos publicó que habían detectado fosfatos en Encélado, completando el descubrimiento de todos los ingredientes necesarios para que la luna de Saturno pueda albergar formas de vida únicas y desconocidas.

Un cuerpo con estas características ya es alucinante de por sí, pero Encélado no es la única luna de Saturno con un océano subterráneo.

Titán: agua líquida fuera de la zona habitable

Envuelta en una bruma dorada, Titán es la luna más grande de Saturno y la segunda más grande del sistema solar. Es hasta más grande que el planeta Mercurio.

Es el único mundo conocido, aparte de la Tierra, en cuya superficie hay líquido de forma permanente. También es la única luna, que se sepa, que tiene atmósfera. De hecho, es lo suficientemente densa como para que pudieras darte un paseo por Titán sin traje espacial. Eso sí, conectado a una bombona de oxígeno.

Mientras la Tierra tiene océanos de agua líquida porque orbita dentro de la zona habitable del sistema solar, Titán está tan lejos del Sol que la temperatura de su superficie es tan fría que, en vez de rocas, hay hielo. Aun así, presenta las condiciones perfectas para que haya mares de metano y etano líquido en su superficie.

Los investigadores de la misión Cassini descubrieron que en Titán ocurre algo muy parecido al ciclo del agua en la Tierra. El metano y el etano se evaporan, forman nubes y llueven desde el cielo para volver a llenar los ríos, lagos y mares líquidos de su superficie.

A pesar de estar fuera de la zona habitable, los datos que recogió Cassini del campo gravitatorio de Titán sugieren que puede haber un gran océano de agua líquida debajo de su superficie. Esta posibilidad tomó fuerza cuando el compañero de viaje de Cassini, la nave Huygens, se separó para bajar en paracaídas a través de la atmósfera de Titán y aterrizar en su superficie. Durante el descenso, sus señales de radio evidenciaron la existencia de un océano debajo de la capa de hielo, a una profundidad de cincuenta y cinco a ochenta kilómetros.

Durante su estancia, Huygens estudió la superficie y la atmósfera de Titán y recopiló datos. Toda esta información se la envió a Cassini, que la transmitió de vuelta a la Tierra. Cassini realizó hasta 127 sobrevuelos cercanos a Titán durante trece años, usando varios instrumentos como radares y rayos infrarrojos para ver a través de la bruma de Titán y enseñarnos imágenes de su superficie con detalle.

Los descubrimientos del equipo formado por Cassini

y Huygens convierten a Titán en uno de los pocos mundos en nuestro sistema solar que podría albergar vida. Además, los ríos, lagos y mares de metano y etano líquidos en su superficie también podrían ser un entorno habitable. Lo más interesante es que, seguramente, esas formas de vida serían muy diferentes a las de la Tierra.

CONCLUSIÓN Y DEBATE

Parece lógico centrar la búsqueda de vida extraterrestre en la zona habitable del sistema solar, pero si los investigadores se hubieran limitado a esta posibilidad, nunca habríamos conocido los entresijos de las lunas de Júpiter y Saturno.

El sistema solar profundo, el que está lejos del Sol, más allá del cinturón de asteroides, parece un páramo frío y hostil cuando se observa desde la Tierra con un telescopio. Las naves que se lanzaron para estudiarlo no tenían el objetivo de encontrar vida, simplemente querían acercarse y ver desde cerca cómo son aquellos mundos helados. Su objetivo era explorar.

La mayor parte del tiempo dedicado a la exploración devuelve pocos resultados, a veces, ninguno. Lo más normal es no encontrar nada. Las naves Galileo,

Cassini y Huygens, todas bautizadas en honor a astrónomos históricos que se dedicaron a observar el cielo con sus telescopios caseros, dieron cientos de vueltas alrededor de Júpiter y Saturno durante años hasta encontrar tres mundos fascinantes.

Europa, Encélado y Titán presentan las condiciones adecuadas para que el agua se mantenga en estado líquido bajo su superficie. Aunque de momento no tengamos confirmación, las tres lunas tienen los ingredientes necesarios para que la vida pueda formarse y prosperar. Esto las convierte en destinos idóneos para continuar la exploración del sistema solar en busca de vida extraterrestre.

Perforar la superficie y llegar hasta el océano subterráneo no será una tarea fácil con la tecnología actual. Para eso se necesitarían máquinas enormes, y el precio de llegar al espacio, en 2023, es de miles de euros por kilo. Además, las naves espaciales tienen poca energía disponible, ya que la obtienen del Sol o de reactores nucleares pequeños. Para perforar a kilómetros de profundidad se necesitaría más energía.

Mientras la tecnología avanza y los nuevos cohetes, como el Starship, abaratan los costes de acceso al espacio, la opción más viable para encontrar pruebas de la existencia de vida extraterrestre debajo de la superficie es a través de los criovolcanes que expulsan agua hacia el espacio. Las próximas misiones a las lunas de Júpiter y Saturno usarán esta estrategia. Si encuentran vida, lo más seguro es que su origen no tenga nada que ver con el origen de la vida en la Tierra. Esto querrá decir que la formación de vida es algo normal en nuestra galaxia y más allá de ella.

Con todo lo que has leído en este capítulo, ya eres capaz de reflexionar y discutir sobre un montón de temas nuevos. Te doy algunas ideas:

- ¿Es posible que exista vida extraterrestre más allá de la zona habitable?
- ¿Cómo puede ser que haya agua líquida tan lejos del Sol? ¿De dónde sale el calor?
- ¿Qué opinas de la exploración de cuerpos tan lejanos del sistema solar? ¿Te parece que vale la pena?

TERCERA PARTE

VIDA EXTRATERRESTRE MÁS ALLÁ DEL SISTEMA SOLAR

6

Exoplanetas

Un exoplaneta, o planeta extrasolar, es un planeta que se encuentra fuera de nuestro sistema solar orbitando alrededor de otra estrella. Con el avance de la tecnología, el número de mundos alienígenas descubiertos ha aumentado drásticamente en los últimos años.

La mayoría de los exoplanetas descubiertos hasta ahora se encuentran en una región relativamente pequeña de nuestra galaxia, la Vía Láctea, porque los telescopios actuales solo pueden explorar distancias de algunos miles de años luz más allá de nuestro sistema solar. En comparación, la Vía Láctea mide unos cien mil años luz de punta a punta.

Recuerda que un año luz equivale a la distancia que recorre la luz en un año. Como su velocidad es de 300.000 km/s, esto son unos 9.461.000.000.000 kilómetros. Kilómetro arriba, kilómetro abajo.

Hasta finales del siglo xx no había certeza de que todas

las estrellas tuvieran planetas orbitando a su alrededor. De hecho, se pensaba que esto podría ser una excepción rara de nuestro sistema solar. Gracias al Telescopio Espacial Kepler de la NASA, hoy sabemos con seguridad que la mayoría de las estrellas tienen planetas y que hay más planetas que estrellas en la galaxia.

Todos los exoplanetas están muy lejos. El más cercano conocido a la Tierra, Proxima Centauri b, se encuentra a unos cuatro años luz de distancia. Aun así, la comunidad científica ha descubierto formas creativas de detectar estos objetos aparentemente diminutos.

¿Cómo encontramos exoplanetas?

Las dos técnicas principales para descubrir exoplanetas son el método del tránsito y el de la velocidad radial. Con estas técnicas se han descubierto la gran mayoría de exoplanetas: más de cinco mil.

- *Método del tránsito*: cuando un planeta pasa entre un observador y la estrella a la que orbita, bloquea parte de la luz de esa estrella. Durante este breve periodo de tiempo se puede ver cómo el brillo de la estrella se atenúa. Es un cambio minúsculo, pero suficiente para dar pistas a los astrónomos sobre la presencia de un exoplaneta alrededor de una estrella distante.

- *Método de la velocidad radial*: las estrellas se ven afectadas por la atracción gravitatoria de sus planetas porque, aunque de forma mucho más débil, la estrella también se ve atraída hacia el planeta. Esto provoca un pequeño movimiento de oscilación de las estrellas en el espacio, afectando al espectro de su luz y cambiando el color de la luz que los astrónomos ven al observarla a través de un telescopio. Si la estrella se mueve en dirección al observador, su luz aparecerá desplazada hacia el azul y si se está alejando, hacia el rojo.

Hay tres métodos adicionales con los que no se han descubierto tantos exoplanetas, pero su uso también está muy extendido.

- *Método de la microlente gravitatoria*: la lente gravitatoria es un efecto que se da cuando un rayo de luz que viaja en línea recta se curva al pasar cerca de un cuerpo con una gravedad importante. Se han descubierto más de doscientos exoplanetas al observar que los rayos de luz que emite una estrella se curvan periódicamente porque hay un planeta orbitando a su alrededor. Por tanto, el rayo de luz observado se curva de vez en cuando, en función de cuánto tarde el planeta en completar una vuelta alrededor de su estrella. Como la gravedad de un planeta no es tan importante como la de una estrella, a este fenómeno se le llama «microlente gravitatoria».

- *Máscara de ocultación*: tomar imágenes de un exoplaneta es muy difícil porque la luz de la estrella alrededor de la cual orbita es tan brillante que no deja ver lo que hay en su entorno. Es como cuando miras al cielo, pero te ciega la luz del Sol. Del mismo modo que tapar el Sol con la mano te permite ver mejor, los astrónomos han desarrollado una técnica para bloquear la luz de las estrellas que pueden tener planetas orbitando en torno a ellas. Una vez que el brillo de la estrella se ha reducido, es posible observar con claridad los objetos de su alrededor para ver si son exoplanetas. Así se han detectado más de sesenta exoplanetas hasta la fecha.

- *Astrometría*: la oscilación de las estrellas también puede ser visible como cambios en su posición aparente en el cielo. La astrometría es uno de los métodos más complejos porque la oscilación de las estrellas es tan ligera que es muy difícil detectarla. Para hacerlo, los investigadores toman una serie de imágenes de una estrella y algunas de las otras que están cerca de ella en el cielo. En cada imagen comparan las distancias entre estas estrellas de referencia y la estrella que están investigando en busca de exoplanetas. Si la estrella objetivo se ha movido en relación con el resto, analizarán ese movimiento en busca de signos de exoplanetas.

Todos estos métodos requieren ópticas extremadamente precisas. Observar exoplanetas desde la superficie de la Tierra es difícil porque nuestra atmósfera distorsiona y dobla la luz. Para mejorar las observaciones hay que llevar los telescopios al espacio.

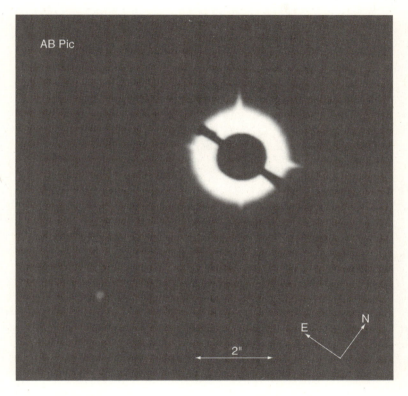

Figura 13. *Imagen coronográfica de la estrella AB Pictoris que muestra un compañero (abajo, a la izquierda), que podría ser una enana marrón o un planeta masivo. Los datos se obtuvieron el 16 de marzo de 2003 utilizando una máscara de ocultación sobre AB Pictoris. © ESO, fuente: Wikimedia Commons.*

Telescopios espaciales

Los telescopios espaciales son instrumentos científicos diseñados para observar el universo desde el espacio exterior, evitando la distorsión atmosférica y permitiendo una visión más clara y detallada del cosmos. Uno de los más famosos es el Telescopio Espacial Hubble, que ha revolucionado nuestra comprensión del espacio exterior. Estos telescopios ofrecen ventajas cruciales, ya que, al evitar la absorción y la turbulencia atmosférica, permiten llevar a cabo observaciones precisas y datos de alta calidad en una amplia gama de longitudes de onda.

Gracias a los telescopios espaciales se han descubierto y confirmado miles de exoplanetas que orbitan en torno a otras estrellas. La primera prueba de exoplanetas data de 1917, cuando Van Maanen identificó la primera enana blanca contaminada. Sin embargo, la primera detección confirmada de un exoplaneta no se produjo hasta la década de los noventa del siglo pasado. El descubrimiento de exoplanetas creció exponencialmente en los años siguientes con el lanzamiento del Telescopio Espacial Kepler.

La misión Kepler fue diseñada específicamente para explorar nuestra región de la galaxia con el fin de descubrir cientos de planetas del tamaño de la Tierra y más pequeños dentro o cerca de la zona habitable y determinar la fracción de estrellas que podrían tener tales planetas orbitando a su alrededor. La nave se retiró en 2018, pero los datos de Kepler todavía se utilizan para encontrar exoplanetas.

El Telescopio Espacial Spitzer de la NASA (2013-2020) no fue diseñado para buscar exoplanetas, aunque sus instrumentos infrarrojos lo convirtieron en un excelente explorador. Se utilizó en el descubrimiento del sistema TRAPPIST-1, que está a unos cuarenta años luz de distancia y podría tener cuatro planetas del tamaño de la Tierra en su zona habitable.

En 2018 el Satélite de Sondeo de Exoplanetas en Tránsito (TESS) fue lanzado como sucesor de Kepler para descubrir exoplanetas en órbita alrededor de las enanas más brillantes, el tipo de estrella más común en nuestra galaxia.

En el futuro cercano, aprenderemos mucho más sobre los exoplanetas gracias al Telescopio Espacial James Webb de la NASA. A través de la espectroscopia los astrónomos esperan recabar más información sobre sus atmósferas y condiciones. Estos detalles serán claves para evaluar la habitabilidad de miles de exoplanetas.

Confirmados *vs.* candidatos

Es posible que algunos candidatos resulten ser «falsos positivos». Un planeta se considera «confirmado» una vez que se verifica mediante observaciones adicionales utilizando otros dos telescopios. Actualmente, hay miles de candidatos a planetas esperando confirmación, pero como el tiempo en los telescopios es un recurso muy valioso el proceso suele llevar mucho tiempo.

Esta es un área en que los aficionados a la astronomía pueden trabajar con datos de la NASA para ayudar a refinar los objetivos e incluso descubrir nuevos exoplanetas. Mientras los ordenadores pueden pasar por alto el tránsito de un planeta sobre su estrella, los humanos pueden detectar pequeñas caídas de brillo en los datos que podrían indicar que hay un planeta por descubrir. Así que, si estás buscando un nuevo hobby, ya sabes a qué puedes dedicarte en tus ratos libres.

¿Cómo se les pone nombre?

Los nombres de los exoplanetas pueden parecer largos y complicados al principio, sobre todo cuando se comparan con nombres de otros planetas como Venus y Marte. Sin embargo, hay una lógica detrás de su sistema de nombres que es importante para que miles de planetas estén catalogados correctamente. Los astrónomos diferencian entre las «designaciones» alfanuméricas y los «nombres propios» alfabéticos. Todas las estrellas y exoplanetas tienen designaciones, pero muy pocos tienen nombre propio.

La primera parte del nombre de un exoplaneta suele ser el telescopio o la investigación que lo descubrió. El número es el orden en que la estrella fue catalogada por posición. La letra minúscula representa al planeta en el orden en que se encontró. El primer planeta encontrado siempre se llama «b» y los siguientes planetas, «c», «d», «e», «f» y así sucesivamente. La estrella alrededor de la cual orbita el exoplaneta suele ser la «A» no declarada del sistema, lo que puede ser útil si el sistema contiene muchas estrellas, que a su vez pueden ser designadas como B o C. Así que las estrellas reciben letras mayúsculas y los planetas, designaciones en minúsculas. En caso de que se descubran varios exoplanetas alrededor de la misma estrella al mismo tiempo, se ordenan en función de su distancia a la estrella. El más cercano es «b» y los planetas más lejanos se llaman «c», «d», «e» y así sucesivamente.

Un ejemplo de un nombre de exoplaneta es Kepler-16b, donde «Kepler» es el nombre del telescopio que observó el sistema, «16» es el orden en que se catalogó la estrella y «b» es el planeta más cercano a la estrella. Si estuviéramos nombrando a la Tierra como un exoplaneta, su designación sería «Sol d». Sol es el nombre de nuestra estrella, y la Tierra es el tercer planeta por detrás de Mercurio, que sería «b», y Venus, que se llamaría «c».

Tipos de exoplanetas

El tamaño y la masa son las características más importantes en la determinación de los tipos de planetas.

Los datos de la misión Kepler mostraron que los planetas que tienen entre 1,5 y 2 veces el tamaño (diámetro) de la Tierra son muy raros. A este extraño vacío en los tamaños de los planetas se le ha llamado el «valle de los radios» o el hueco de Fulton, en honor a Benjamin Fulton, autor principal de la investigación.

Es posible que esto represente un tamaño crítico en la formación de planetas. Aquellos que alcanzan este tamaño atraen rápidamente atmósferas densas de hidrógeno y helio, y se hinchan hasta convertirse en planetas gaseosos, mientras que los planetas más pequeños que este límite no son lo bastante grandes para retener tal atmósfera y permanecen principalmente como cuerpos rocosos y terrestres. Por otro lado, los planetas más pequeños que orbitan cerca de sus estrellas podrían ser núcleos de mundos similares a Neptuno a los que se les ha despojado de su atmósfera.

Explicar el hueco de Fulton requerirá una comprensión mucho mejor de cómo se forman los sistemas planetarios.

Cada tipo de planeta varía en su apariencia interior y exterior según su composición.

- *Gigantes gaseosos*: son planetas del tamaño de Saturno o Júpiter, o incluso mucho más grandes. Hay más variedad oculta dentro de estas categorías. Los Júpiter calientes, por ejemplo, fueron uno de los primeros tipos de planetas encontrados, gigantes gaseosos que orbitan tan cerca de sus estrellas que sus temperaturas se elevan a miles de grados.

- *Planetas neptunianos*: son similares en tamaño a Neptuno o Urano en nuestro sistema solar. Probablemente presenten una mezcla de composiciones interiores, aunque todos tendrán atmósferas exteriores dominadas por hidrógeno y helio, además de núcleos rocosos. También se ha descubierto un tipo de planeta que no existe en nuestro sistema solar: los mini-Neptunos presentan las condiciones anteriores, son mayores que la Tierra, pero más pequeños que Neptuno.

- *Supertierras*: son típicamente planetas terrestres que pueden o no tener atmósfera. Son más masivos que la Tierra, pero más ligeros que Neptuno.

- *Planetas terrestres*: presentan el tamaño de la Tierra o son más pequeños, y están compuestos de roca, silicato, agua o carbono. Investigaciones adicionales determinarán si algunos de ellos poseen atmósfera, océanos u otras señales de habitabilidad.

CONCLUSIÓN Y DEBATE

Sabemos con bastante seguridad que en el sistema solar no hay vida extraterrestre inteligente. Podría haber existido en el pasado, pero actualmente la búsqueda se centra en encontrar vida microscópica.

El estudio de los exoplanetas resulta clave para la búsqueda de vida extraterrestre inteligente porque, en caso de existir, los extraterrestres vivirían en un planeta que orbite en torno a una estrella diferente a nuestro sol.

Gracias a los telescopios espaciales, que permiten observar el universo sin que la atmósfera terrestre perturbe las imágenes, se han descubierto miles de exoplanetas y se ha demostrado que la mayoría de las estrellas tienen planetas orbitando a su alrededor. Esto es un dato crucial porque aumenta las posibilidades de que se den las condiciones adecuadas para la vida en varios sitios de la galaxia.

Hasta la fecha se han desarrollado varias técnicas que permiten detectar si hay exoplanetas orbitando en torno a una estrella, pero misiones espaciales más avanzadas, como el Telescopio Espacial James Webb, permitirán estudiar sus atmósferas en busca de signos de habitabilidad.

Aprender sobre los exoplanetas nos permite imaginar dónde podrían vivir otras civilizaciones inteligentes como la nuestra y cómo serían sus condiciones de vida.

Te dejo algunos temas para que reflexiones por tu cuenta o los plantees para una discusión entre amigos o familiares:

- ¿Cuántos de los exoplanetas ya descubiertos crees que pueden tener condiciones similares a la Tierra?
- A pesar de haber varios en la zona habitable de sus estrellas, ¿piensas que es habitual que sean habitables o predominarán planetas del tipo de Marte y Venus?
- ¿Te parece posible que haya civilizaciones inteligentes viviendo en sistemas solares cercanos al nuestro?
- Las estrellas más cercanas están a varios años luz de distancia de la Tierra. Esto implica viajes impensables para la escala temporal humana. ¿Crees que, aunque existan otras civilizaciones «aquí al lado», es posible que alguna vez sepamos de su existencia?

7

El primer visitante interestelar

En octubre de 2017 la humanidad recibió la visita del primer objeto interestelar de la historia. Era tan raro en cuanto a forma y trayectoria que, después de años de estudio, a día de hoy aún hay preguntas que continúan sin respuesta y la hipótesis de que sea una nave extraterrestre está abierta.

Descubierto por un observatorio de Hawái, lo bautizaron 1I/'Oumuamua. Lo llamaremos 'Oumuamua, que en hawaiano significa «mensajero de lejos que llega el primero». No se vio con detalle, pero, a partir de los cambios en la cantidad de luz que reflejaba, los astrónomos dedujeron que, por su forma alargada, se asemejaba a un puro.

Aunque sin una cola evidente, el color rojizo de 'Oumuamua sugería que era un cometa expulsado de otro sistema solar debido a interacciones gravitatorias aleatorias con los cuerpos allí presentes. Sin embargo, no todos lo tenían tan claro. Avi Loeb, jefe del Departamento de Astronomía de

Harvard, escribió en un artículo que era posible que, al igual que en «Cita con Rama», el cuento de Arthur C. Clarke de 1973, 'Oumuamua fuera de origen artificial. O sea, podría ser una nave construida por una civilización extraterrestre.

Uno de los argumentos que Avi Loeb usó para respaldar su idea fue que las posibilidades de que un objeto sea expulsado al azar de su sistema solar y llegue precisamente a las regiones centrales del nuestro eran muy bajas. Entonces, o bien hay miles de millones de cometas interestelares volando por el espacio, o bien este fue dirigido intencionadamente hacia nosotros para hacernos una visita.

Figura 14. *Representación artística de 'Oumuamua. Su forma alargada, nunca vista antes en un asteroide, es uno de los motivos que sugieren que puede ser una nave extraterrestre.* © *Original: ESO/M. Kornmesser. Representación artística: nagualdesign (de una versión anterior de Tomruen); fuente: Wikimedia Commons.*

La idea de que 'Oumuamua pueda ser una nave extraterrestre es válida y no es disparatada porque el objeto presenta características nunca vistas en la naturaleza.

Trayectoria hiperbólica

La primera característica especial es su trayectoria. Cuando se estudian las trayectorias de cuerpos o naves espaciales, uno de los parámetros más importantes es la excentricidad de la órbita. Si la excentricidad es menor que 1 quiere decir que la trayectoria es elíptica y, por tanto, cerrada. El cuerpo orbita siempre alrededor de otro cuerpo más grande. Este es el caso de los satélites que orbitan alrededor de la Tierra, de los planetas que giran alrededor del Sol e, incluso, de los asteroides y cometas del sistema solar, puesto que, aunque completen una vuelta cada cientos o miles de años, su trayectoria es cerrada y siempre giran alrededor del Sol. No se escapan.

En cambio, la trayectoria de 'Oumuamua es hiperbólica. O sea, su excentricidad es mayor que 1. Esto quiere decir que no se quedará dando vueltas alrededor del Sol. Simplemente pasó muy cerca y no volverá nunca más porque una trayectoria hiperbólica es una órbita de escape.

Por todo esto sabemos que 'Oumuamua no pertenece a nuestro sistema solar y que viene de otra estrella. Es la primera vez en la historia que los humanos observamos un cuerpo interestelar pasando cerca de nuestro planeta.

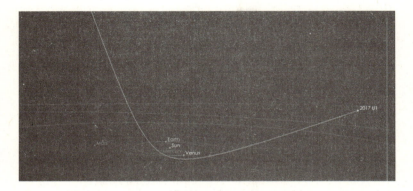

Figura 15. *Al contrario que las órbitas elípticas y cerradas de los planetas alrededor del Sol, la trayectoria hiperbólica de 'Oumuamua (2017 U1) es una de las pruebas de que es un objeto que escapó de la gravedad de otra estrella e hizo una visita fugaz por nuestro sistema solar. Imagen de la NASA, fuente: Wikimedia Commons.*

Fuerzas no gravitacionales

El segundo misterio es que, aparte de ser hiperbólica, la trayectoria de 'Oumuamua no se puede explicar teniendo en cuenta solo las fuerzas gravitacionales.

En el espacio, el movimiento de una nave o un cuerpo debería ser una línea recta casi perpetua porque en el espacio no hay rozamiento. Esa trayectoria solo se puede cambiar si una fuerza actúa sobre el cuerpo. La fuerza más típica es la gravedad de las estrellas o de los planetas, que modifica esa línea recta para convertirla normalmente en una elipse. La trayectoria de 'Oumuamua no se puede explicar si solo se tiene en cuenta la gravedad. O sea, hay otras fuerzas actuando sobre el cuerpo. La explicación natural para este fenómeno es concluir que 'Oumuamua fuera un cometa.

La nube de Oort

La nube de Oort es una gigantesca colección de cometas helados que orbitan alrededor del Sol, cada uno de ellos puede ser tan grande como una montaña. Para que te hagas una idea de su inmensidad, la nave Voyager 1 recorre casi 1.500.000 kilómetros al día y, a esta velocidad, ha tardado más de cuarenta años en salir del campo magnético del Sol. Pues aún le quedarían trescientos años para entrar en la nube de Oort y no saldría de ella hasta al cabo de treinta mil años.

¿Puede ser un cometa?

La mayoría de los cometas vienen de la nube de Oort, donde se halla el límite del sistema solar, porque la gravedad del Sol no es capaz de atrapar objetos más lejanos.

Como los cometas están recubiertos de hielo, al pasar cerca del Sol y calentarse, se desgasifican liberando material al espacio. Esta desgasificación es la que provoca fuerzas no gravitacionales sobre el cometa que encajan con la trayectoria. Además, cuando hay desgasificación se puede ver la estela del cometa. Es factible que 'Oumuamua sea un cometa que viene de más allá de la nube de Oort, pero su estela nunca se vio. Por eso se reclasificó como un asteroide, ya que los asteroides no tienen esa capa de hielo.

Entonces, si no es un cometa, ¿de dónde vienen estas fuerzas no gravitacionales? Hay dos hipótesis que pueden dar una explicación. La primera dice que sí es un cometa, pero al venir de otra estrella ha recibido tanta radiación cósmica que la capa de hielo se ha endurecido. Esto provocaría que se produzca la desgasificación necesaria para alterar la trayectoria, pero no la suficiente como para ver la estela desde la Tierra. Según la segunda, las fuerzas no gravitacionales las provoca un mecanismo de propulsión artificial. 'Oumuamua podría ser una nave extraterrestre con una vela solar que altera su órbita para navegar por el espacio.

Forma alargada

Finalmente, la tercera pregunta no respondida tiene que ver con su forma. El objeto tiene un color rojizo muy típico en los asteroides primitivos y es de forma alargada, como un puro, que no se ha visto antes en un asteroide de nuestro sistema solar.

A día de hoy, nadie ha conseguido explicar cómo un asteroide o cometa puede presentar esa forma de manera natural. Se dice que podría ser un fragmento de un planeta lejano, pero sigue siendo una pregunta totalmente abierta.

Pero, claro, su forma estaría justificada si 'Oumuamua fuera una nave artificial porque la pueden haber diseñado como más les convenga. Además, la forma alargada podría coincidir con una vela solar, en caso de que la nave usara este mecanismo de propulsión.

La navaja de Ockham

Por lo general, en ciencia suele funcionar el principio de la navaja de Ockham: que la explicación más simple, o la más aburrida, suele ser la correcta. En este caso, lo más simple es que 'Oumuamua fuera un cuerpo natural bastante raro, aunque hay tan poca información y tantas preguntas sin respuesta que la hipótesis de que sea una nave extraterrestre sigue estando sobre la mesa.

Por eso, un grupo de investigadores del instituto para la búsqueda de inteligencia extraterrestre, el SETI Institute, ha buscado transmisiones de radio para comprobar si este objeto es natural o no. Este contacto radio no solo aportó información sobre este objeto interestelar, sino que dejó en el aire la posibilidad de que otros asteroides de nuestro sistema solar sean naves alienígenas enviadas desde otros lugares de la galaxia en busca de vida inteligente. En busca de nosotros.

Contacto radio

Para ello los investigadores usaron el Allen Telescope Array, un grupo de cuarenta y dos antenas de 6,1 metros de diámetro cada una. Aparte de 'Oumuamua, se observaron otros dos asteroides conocidos que orbitan alrededor del Sol. Este es un hallazgo muy importante porque si se detecta algo que viene de 'Oumuamua hay que compararlo con otra señal procedente de un asteroide que sabemos seguro que no es una nave extraterrestre. Así se evitan errores y se confirman los resultados con seguridad.

Los investigadores del SETI buscaron señales con un ancho de banda moderadamente amplio, de más de 100 kHz, porque eso permitiría transmitir bastante información. Para que te hagas una idea, los canales de radio FM tienen un ancho de banda útil de 75 kHz. Así que si se captara una transmisión de ese tipo querría decir que hay algo transmitiendo información a propósito.

Las observaciones duraron diez minutos y se repitieron al menos dos veces en cada frecuencia en días diferentes. Los resultados no fueron concluyentes porque las señales recibidas correspondían a interferencias de los satélites artificiales que orbitan en torno a la Tierra. Por ejemplo, las frecuencias de alrededor de 10 GHz corresponden a señales de televisión por satélite.

Para captar una señal en los rangos de frecuencia más contaminados, esta tendría que haber sido emitida desde 'Oumuamua con una potencia de más de 10 W. En cambio, como los otros dos asteroides están más cerca, habrían sido capaces de detectar señales artificiales con potencias de 1 mW y de 1 W. La señal que transmite un teléfono móvil tiene una potencia de 1 W, o sea, con esta técnica seríamos perfectamente capaces de detectar una nave extraterrestre que vuele cerca de nosotros, puesto que, si lo que quieren es contactar con su planeta de origen, necesitarán transmitir bastante más potencia de la que transmite un móvil.

Esto no descarta que 'Oumuamua sea una nave extraterrestre. Lo único que demuestra es que en ese momento, o bien no se estaban transmitiendo señales artificiales lo suficiente potentes, o bien lo estaban haciendo en otras frecuencias. Esto último significaría que la tecnología de telecomunicaciones usada por esa civilización extraterrestre diferiría de la que usamos los humanos.

Contacto con otros asteroides

Este experimento ha servido para desarrollar y probar una técnica de observación. Ahora se sabe cuál es la potencia mínima que ha de tener la transmisión de una nave extraterrestre que vuela por el sistema solar para ser detectada desde la Tierra.

El próximo objetivo de los investigadores del instituto para la búsqueda de inteligencia extraterrestre, el SETI, no es contactar con 'Oumuamua, sino investigar los asteroides que vuelan a nuestro alrededor. La hipótesis que plantean es que podrían ser naves extraterrestres fabricadas en otro planeta, dispuestas en una órbita estable alrededor del Sol con el objetivo de investigar nuestro sistema solar en busca de pruebas de otra civilización tecnológicamente avanzada como nosotros.

Estas naves no estarían tripuladas, no imagines humanoides verdes dentro de ellas, simplemente serían sondas autónomas, como las que enviamos los humanos a investigar el espacio. El objetivo de estas supuestas naves sería explorar el sistema solar por su cuenta e informar de los resultados a su planeta de origen.

Por eso, como estarían constantemente transmitiendo información con potencias muy débiles, estas señales serían detectadas con la técnica usada para estudiar a 'Oumuamua y daría pistas sobre si los asteroides de nuestro alrededor pueden ser naves extraterrestres.

El segundo visitante interestelar

'Oumuamua fue el primer objeto interestelar detectado, pero al cabo de dos años dejó de ser el único. En 2019 un astrónomo aficionado de Crimea llamado Gennady Borisov descubrió un objeto lejano que se dirigía hacia nosotros. Observaciones más precisas con telescopios profesionales revelaron que este punto en el cielo tenía una pequeña cola, o sea, seguramente era un cometa. Fue bautizado con el nombre de C/2019 Q4 (Borisov).

Al igual que 'Oumuamua, C/2019 Q4 (Borisov) describe una trayectoria hiperbólica, es decir, también sería un viajero interestelar. Esto significaría que se han detectado dos visitantes de este tipo en dos años, lo que sugiere que quizá haya muchos más objetos interestelares navegando cerca de nosotros.

Tal como decía el profesor Abi Loeb, o bien 'Oumuamua fue apuntado hacia nosotros expresamente, o hay muchos más objetos interestelares viajando por el espacio. Esta es una conclusión menos atractiva que descubrir que es una nave extraterrestre, pero esta última posibilidad sigue sin descartarse.

Con el paso de los años y el avance de la tecnología sabremos si las visitas de objetos interestelares son tan raras como pareció al principio o, en cambio, son mucho más habituales.

CONCLUSIÓN Y DEBATE

'Oumuamua fue el primer objeto interestelar detectado en nuestro sistema solar. Muchas de sus características nunca han sido vistas en objetos naturales, como, por ejemplo, su forma alargada. Además, su trayectoria solo tendría sentido si fuera un cometa, pero no se ha visto que deje ninguna estela. Por todos estos motivos, una de las hipótesis que están sobre la mesa es que se trate de una nave extraterrestre.

Lo que sí es seguro es que el conocimiento que tenemos los humanos sobre el cosmos es muy limitado. Por eso, investigadores de todo el mundo se lanzaron a estudiarlo porque este tipo de visitas son oportunidades únicas para aprender cómo son las condiciones en otros sistemas solares.

En 2024 empezará a funcionar el Observatorio Rubin, cuya misión es adquirir un montón de datos astronómicos sin precedentes para el estudio del universo, hacer que la información sea accesible a la comunidad científica y también involucrar al público.

Se prevé que descubra al menos un objeto interestelar por año. Por lo tanto, se podrá comparar a 'Oumuamua con otros objetos y entender mucho mejor si sus características (su trayectoria, la forma, etc.)

son realmente tan raras como para pensar que puede ser una nave alienígena o son las habituales en objetos que vienen de otras estrellas. Este conocimiento permitirá entender mejor los procesos de formación, evolución y expulsión que ocurren en toda la galaxia.

Por otra parte, el profesor de la Universidad de Harvard Avi Loeb ha puesto en marcha el Proyecto Galileo, cuyo objetivo es llevar las observaciones accidentales de posibles civilizaciones extraterrestres a la investigación científica transparente, validada y sistemática. Una de sus actividades consiste en comprender los orígenes de los objetos interestelares que presentan características diferentes de los asteroides y cometas típicos, como 'Oumuamua, mediante iniciativas de descubrimiento y caracterización que incluyen estudios astronómicos y atmosféricos, así como observaciones desde el espacio.

Además de ser un objeto muy interesante de estudiar, 'Oumuamua ha abierto una línea de investigación para la búsqueda de naves extraterrestres con destino a nuestro sistema solar gracias a que la técnica de contacto radio desarrollada por el SETI Institute será aplicada en muchos otros objetos.

Con todo lo que has leído en este capítulo, ya tienes el conocimiento suficiente para reflexionar y discutir sobre la posibilidad de que nuestro sistema solar haya sido visitado alguna vez por una nave alienígena. Te propongo algunos temas:

- ¿Crees que 'Oumuamua es un objeto natural o podría ser una nave extraterrestre?
- ¿Piensas que su paso cercano a la Tierra es una casualidad o que podría haber sido apuntado hacia nosotros? Esto querría decir que otras civilizaciones saben que en la Tierra puede haber vida.
- Con las nuevas observaciones habrá cada vez más datos sobre objetos interestelares. ¿Serán todos similares a 'Oumuamua y esto quedará en una anécdota, o estamos a punto de descubrir una gran variedad de visitantes?

8

Civilizaciones extraterrestres inteligentes

Hasta ahora hemos visto cómo la comunidad científica está buscando vida extraterrestre microscópica en nuestro sistema solar, ya sea en los planetas de la zona habitable, como Venus y Marte, o en cuerpos más lejanos, como las lunas de Júpiter y Saturno. También hemos visto cómo buscar exoplanetas que están en la zona habitable de otras estrellas y cómo se vivió la visita del primer objeto interestelar detectado en el sistema solar.

Ahora entramos en una nueva fase para ir más allá. Vamos a ver cómo se están buscando civilizaciones extraterrestres inteligentes. Pueden ser civilizaciones similares a lo que es la humanidad actualmente o lo que fue hace miles de años, por ejemplo, durante el Imperio romano, o quizá sean sociedades mucho más avanzadas, con tecnologías que no se verán en la Tierra hasta dentro de cientos o miles de años.

— 123 —

En este campo la especulación entra mucho más en juego porque la información es muy limitada y, aunque siempre se tiene en cuenta que en otros planetas pueden haber desarrollado tecnologías totalmente diferentes, las hipótesis se suelen plantear sobre la base del conocimiento científico de la humanidad.

Ingeniería exploratoria

La ingeniería exploratoria consiste en diseñar y analizar sistemas hipotéticos que no son factibles con la tecnología actual, pero que en principio están dentro de los límites de lo que la ciencia considera posible. Por ejemplo, aunque la ciencia afirma que es posible viajar a velocidades cercanas a la de la luz, hoy en día nuestra tecnología no ha avanzado lo suficiente como para fabricar naves que puedan viajar a velocidades tan altas. En este caso, la ingeniería exploratoria investiga cómo podría ser la tecnología que algún día nos permita acercarnos a los límites establecidos por la física.

Siguiendo con el ejemplo anterior, un motor de curvatura es un concepto desarrollado por la ingeniería exploratoria que posibilitaría viajar a velocidades cercanas a la de la luz dentro de los límites establecidos por la relatividad general. Este tipo de desarrollos se ejecutan mediante cálculos teóricos, modelos y simulaciones matemáticas.

Las obras de ciencia ficción se suelen considerar el origen de la ingeniería exploratoria. Por ejemplo, los satélites de telecomunicaciones o los viajes a la Luna fueron algunos de los desarrollos tecnológicos anticipados en la literatura antes de ser una realidad.

Como en el campo de la ingeniería exploratoria no se pueden hacer experimentos, es complicado demostrar que algo es falso o que no va a funcionar. Por eso, hay que tener especial cuidado para evitar caer en prácticas pseudocientíficas o sesgos cognitivos.

La escala de Kardashev

Usar la ingeniería exploratoria para enfocar la búsqueda de vida extraterrestre inteligente desde el conocimiento humano tiene sentido porque nuestra tecnología se basa en cómo funciona el universo de forma natural. Por ejemplo, nuestros sistemas de comunicación usan las propiedades de las ondas electromagnéticas, idénticas en cualquier parte del universo, y los viajes espaciales aprovechan nuestro conocimiento sobre la física mecánica, que estudia los movimientos y el equilibrio de los cuerpos, y se puede aplicar más allá de la Tierra.

Es posible que civilizaciones más avanzadas hayan conseguido entender conceptos científicos desconocidos para nosotros y con ellos habrán desarrollado una tecnología que, debido a nuestra ignorancia, nos pueda parecer pura magia. Aun así, es factible que la tecnología más básica para comunicarse y viajar por el espacio sea similar a la nuestra. Por tanto, su desarrollo científico y técnico puede haber sido similar al nuestro.

Partiendo de esta base, en 1964 el científico soviético Nikolai Kardashev propuso una manera de medir el grado de evolución tecnológica de una civilización. La escala de Kardashev cataloga las posibles civilizaciones en función de su capacidad para aprovechar y controlar la energía disponible a su alrededor. Nos ofrece, por tanto, un marco de referencia para clasificar el desarrollo tecnológico de las posibles civilizaciones extraterrestres. Esta escala se usa como guía para enfocar los esfuerzos a la hora de observar el universo y buscar señales de vida inteligente.

Tipo I: civilización planetaria

Una civilización de Tipo I es la que ha alcanzado el dominio total de la energía disponible en su propio planeta. Sus individuos aprovecharían todas las formas de energía disponibles, como la solar, la geotérmica, la eólica y la fisión y fusión nucleares. Además, serían capaces de usar a su favor fenómenos naturales como terremotos, tormentas y volcanes.

Los humanos estamos relativamente cerca, pero aún no hemos llegado a este nivel. Nuestra tecnología no es capaz de explotar toda la energía que el planeta Tierra nos ofrece. Según Carl Sagan, la humanidad es una civilización de tipo 0,73.

Hay dos tecnologías claves que serán la base sobre la cual se construirá una civilización humana de Tipo I en los próximos cien o doscientos años. Ya las conocemos, pero todavía están en fase de desarrollo.

Energía renovable

La mayor parte de la energía de un planeta viene de su estrella. La luz del Sol se puede transformar directamente en energía usando placas solares o indirectamente a través de otras formas. Como ya vimos en el capítulo 2, la energía del Sol mueve el aire para poder aprovechar la energía eólica, alimenta a las plantas para obtener biocombustibles y causa el ciclo del agua, haciendo que se evapore, condense, precipite y fluya por la superficie, generando energía hidroeléctrica.

La ventaja principal del uso de energías renovables es que no se agotarán hasta que el Sol deje de existir. Como la vida en la Tierra no podría prosperar sin el Sol, podemos afirmar sin problema que, efectivamente, son inagotables. Además, la segunda ventaja es que son fuentes de energía limpia con unas emisiones de carbono muy bajas.

Los combustibles fósiles han supuesto un avance tremendo en el desarrollo científico y técnico de la humanidad, pero son finitos. De hecho, se estima que las reservas de petróleo conocidas se habrán agotado en la década de 2070. O sea, que no es posible que la humanidad llegue a ser una civilización de Tipo I con el uso de combustibles fósiles. Este es motivo suficiente para dejarlos de lado y desarrollar energías renovables. Una civilización no puede depender de una fuente de energía que se va a agotar tan pronto y que contamina tanto.

El camino para convertirnos en una civilización de Tipo I pasa por aprovechar toda la energía del Sol que recibe la Tierra, pero esto no es factible, puesto que habría que cubrir por completo la superficie del planeta con estructuras como placas solares, molinos de viento o centrales hidroeléctricas. Una de las opciones que ya se plantean países como Reino Unido y China es la de construir estaciones espaciales de gran tamaño que conviertan la luz solar en una señal de microondas (como el wifi) y la transmitan de forma inalámbrica hacia centrales colectoras en la Tierra. Los dispositivos capaces de recibir una señal de microondas y convertirla en electricidad ya son una realidad: los rectennas.

Fusión nuclear

La fusión nuclear es la fuente de energía de las estrellas. Al contrario que la fisión, que rompe el núcleo de un átomo, la fusión consiste en combinar núcleos atómicos ligeros para formar un núcleo más pesado, liberando una gran cantidad de energía en el proceso. Una de las reacciones más habituales es la que combina átomos de hidrógeno para formar helio.

La fusión nuclear ya es una realidad porque algunos experimentos han conseguido liberar más energía de la consumida, consiguiendo un balance de energía positivo. Aun así, todavía quedan años para poder aplicar este proceso a gran escala. Uno de los desafíos más importantes es el de desarrollar materiales que soporten las condiciones de la fusión durante décadas, como el calor extremo y el bombardeo de neutrones.

Para llegar a ser una civilización de Tipo I se deberían fusionar unos 280 kilos de hidrógeno en helio por segundo. Esto equivale a aproximadamente 8.900.000 toneladas de hidrógeno por año.

Una de las ventajas principales de la fusión nuclear es que el combustible necesario, el hidrógeno, se puede extraer fácilmente a partir del agua mediante un proceso llamado electrólisis, que consiste en hacer circular una corriente eléctrica a través del agua para separar sus componentes: hidrógeno y oxígeno.

Un kilómetro cúbico de agua contiene alrededor de 100.000.000 toneladas de hidrógeno. Como los océanos de la Tierra almacenan en torno a 1.300.000.000 de kilómetros cúbicos de agua, la humanidad podría mantener su demanda energética durante millones de años.

¿Cómo detectar una civilización inteligente?

Ponte en la piel de una civilización extraterrestre que vive en un planeta que orbita alrededor de otra estrella de la Vía Láctea. Al igual que hacemos nosotros, están buscando pruebas de la existencia de vida inteligente más allá de su planeta de origen.

Sus telescopios están apuntando hacia nuestro sistema solar y han descubierto que hay tres planetas en la zona habitable del Sol: Venus, la Tierra y Marte. Tal y como vimos en el capítulo 6, esto es algo que los humanos ya somos capaces de hacer con los exoplanetas que orbitan en torno a otras estrellas.

En la actualidad la humanidad es prácticamente invisible a ojos de otras civilizaciones que vivan en otras estrellas o galaxias. A pesar de nuestro desarrollo tecnológico, lo único que verían los extraterrestres cuando observan la Tierra es un punto minúsculo que tapa débilmente la luz del Sol. Tendrían que acercarse mucho para ver infraestructuras artificiales como la luz de las ciudades y saber que aquí viven seres inteligentes. De hecho, si hubieran sobrevolado la Tierra hace miles de años, cuando ya la poblaban diferentes civilizaciones, es posible que se hubieran ido pensando que aquí no había ni rastro de vida inteligente al no haber visto signos de grandes infraestructuras.

Esto es algo importante para tener en cuenta en la búsqueda de vida inteligente. Quizá haya otras civilizaciones inteligentes cuyo desarrollo tecnológico sea similar o incluso inferior al nuestro, por tanto, será prácticamente imposible saber de su existencia. Ni siquiera una civilización de Tipo I sería fácil de detectar desde nuestro planeta. Por eso, la búsqueda de vida extraterrestre inteligente se centra en civilizaciones más avanzadas que puedan haber desarrollado megaestructuras observables desde otros puntos de la galaxia.

La esfera de Dyson

Como el Sol tiene forma esférica, la energía que emite se propaga en todas las direcciones creando un «campo de energía» esférico. Al estar dentro de este campo de energía, la Tierra intercepta una pequeña parte de la energía del Sol. El resto no encuentra obstáculos en su trayectoria y se pierde en el espacio.

La Tierra es muy pequeña comparada con el campo

de energía del Sol. Para que te hagas una idea, imagina un estadio de fútbol que representa el campo de energía emitido por el Sol. Si el Sol está en el centro del campo, la Tierra sería una mota de polvo a la altura de la portería. O sea, si toda la superficie de la Tierra estuviera cubierta de placas solares, la energía recibida sería la equivalente a poner una placa solar del tamaño de una mota de polvo en el modelo del estadio.

Para aprovechar al máximo la energía del Sol hay que construir una megaestructura en el espacio que envuelva a nuestra estrella por completo. En el modelo del estadio, esto equivaldría a levantar una pared de placas solares en cada portería, las bandas, el techo y el suelo. Comparado con una mota de polvo, esta estructura generaría unos dos mil millones de veces más energía.

Por supuesto, el planeta tendría que estar dentro de la estructura, ya que, de quedarse fuera, estaríamos hablando de uno de los mayores desastres de la ingeniería galáctica por dejar a un planeta entero sin energía.

Este es un proyecto de gran magnitud para el que se necesitaría una enorme cantidad de recursos y energía. Su puesta en marcha iría por partes: se construirían anillos hasta conseguir la esfera completa y seguramente se tardarían décadas o incluso siglos en terminar el proyecto. Hoy en día, estos planes son teóricos porque el desarrollo tecnológico actual se centra en las energías renovables y en la fusión nuclear, pero ya hay investigadores proponiendo diseños para que la tecnología del futuro se desarrolle sobre unos fundamentos teóricos sólidos.

Este tipo de megaestructuras se llaman esferas de Dyson en honor al científico Freeman Dyson, quien en 1960 propuso que, para encontrar civilizaciones extraterrestres, hay que buscar este tipo de construcciones.

Tipo II: civilización estelar

Una civilización de Tipo II sería capaz de construir y hacer funcionar una esfera de Dyson para aprovechar toda la energía generada por su estrella madre y llevarla hasta su planeta o usarla para hacer viajes espaciales.

Aparte de su tamaño monstruoso, uno de los principales desafíos de una esfera de Dyson es que tendría que erigirse directamente en el espacio, y allí es difícil hasta montar un Lego. Como enviar a astronautas para que asumieran el trabajo manual sería inviable, la esfera se tendría que construir de manera automática, como si se estuviera tejiendo una gigantesca manta cósmica. Por eso, esta civilización tendría que dominar tecnologías de fabricación automática como la impresión 3D.

Una vez construida, mantener la esfera de Dyson en una órbita estable alrededor de la estrella sería como equilibrar un plato gigante en el extremo de un palo. La esfera tendría que estar equipada con motores y un sistema de control para ajustar continuamente su órbita. De lo contrario, una desviación podría hacerla chocar contra la estrella o alguno de los planetas. Esto sería bastante espectacular, pero poco deseado.

Además, una civilización de Tipo II sería capaz de aprovechar todos los recursos de su sistema planetario. Por tanto, sus individuos usarían los mismos métodos que una civilización de Tipo I (energías renovables y fusión nuclear) para explotar los recursos de sus planetas vecinos. Seguramente también usarían los materiales obtenidos en otros planetas para construir la esfera de Dyson.

Una civilización de Tipo II podría ser descubierta desde la Tierra porque las megaestructuras desplegadas alrededor de la estrella harían variar su brillo al bloquear gran parte de su luz. Investigadores del SETI Institute usan telescopios espaciales para buscar variaciones en el brillo de unos sesenta millones de estrellas cercanas. Este tipo de experimentos tienen más posibilidades de éxito porque las megaestructuras son permanentes. En cambio, buscar señales de radio es más complicado, ya que la transmisión del mensaje tendría que coincidir con el momento en que se está escuchando.

Por otra parte, una esfera de Dyson se calentaría tanto que emitiría mucha radiación infrarroja. Por eso, parte de la búsqueda de civilizaciones extraterrestres inteligentes consiste en detectar focos de rayos infrarrojos provenientes de otros sistemas solares.

A la humanidad todavía le quedan miles de años para alcanzar esta etapa, pero las bases de la tecnología que la propiciarán se empezarán a ver pronto. Por ejemplo, los avances en impresión 3D nos permitirán ver las primeras estructuras construidas directamente en el espacio, aunque todavía estén lejos del tamaño que tendría una esfera de Dyson.

Las civilizaciones de Tipo II marcan la frontera entre lo que sería posible observar desde la Tierra y lo que no. A menos que alguna nave alienígena nos venga a visitar a casa, las únicas pruebas de la existencia de vida inteligente que podríamos detectar desde nuestro planeta serían este tipo de megaestructuras. Esto, sin duda, sería un hallazgo sin precedentes porque, aparte de confirmar que no estamos solos en el universo, nos mostraría la posibilidad de superar los límites de nuestro propio sistema solar mediante el desarrollo tecnológico.

Tipo III: civilizaciones galácticas

Una civilización de Tipo III usaría tecnología similar a una de Tipo II, pero a una escala muchísimo más grande. Estas civilizaciones serían capaces de aprovechar la energía y recursos de una galaxia entera, obteniéndolos de todas las estrellas, de todos los planetas e incluso de los agujeros negros.

Quizá no te hayas dado cuenta, pero ya habrás visto un montón de civilizaciones de Tipo III en la saga de la Guerra de las Galaxias. Darth Vader conquista la galaxia con un desarrollo tecnológico abrumador, convirtiéndose en una fuerza colosal y colonizando múltiples sistemas estelares.

Igual que una civilización de Tipo II, el descubrimiento de una de Tipo III sería posible con la tecnología actual porque las megaestructuras se pueden detectar desde la Tierra. Su simple existencia confirmaría que la expansión a lo largo de la galaxia es posible.

Tipo IV: civilización modeladora

Parece lógico que cuanto más desarrollada esté una civilización, más fácil sería verla desde nuestro planeta porque sus estructuras serán más grandes y estarán más extendidas, pero puede llegar un punto de desarrollo tecnológico en que una civilización se vuelva indetectable.

Una civilización de Tipo IV sería capaz de aprovechar toda la energía del universo. Sería tan avanzada que podría beneficiarse de la materia oscura y manipular el tejido del espacio-tiempo. Sus capacidades podrían incluir la transformación instantánea de materia en energía, el teletransporte y, en caso de ser físicamente posible, el viaje a través del tiempo.

Una civilización de tal magnitud no podría ser detectada porque sus acciones serían indistinguibles de las obras de la naturaleza. Por ejemplo, no podríamos discernir si un agujero negro es natural o la creación de una civilización de Tipo IV mediante una tecnología inimaginable para la humanidad.

CONCLUSIÓN Y DEBATE

Hablar de la búsqueda de vida extraterrestre inteligente implica hacer suposiciones con un nivel de incertidumbre muy alto. La ingeniería exploratoria estudia qué tecnologías usarían las civilizaciones extraterrestres avanzadas en función de su nivel de desarrollo. Todas ellas son posibles dentro de los límites establecidos por la ciencia, pero todavía no están al alcance de la humanidad.

La escala de Kardashev mide el grado de evolución tecnológica de una civilización en función de su capacidad para aprovechar y controlar la energía disponible a su alrededor.

Una civilización de Tipo I sería capaz de emplear toda la energía de su planeta; una de Tipo II envolvería su estrella con una esfera de Dyson para beneficiarse de su energía al máximo y explotar sus planetas vecinos; una de Tipo III controlaría todos los recursos de su galaxia; y una de Tipo IV sería indistinguible de los fenómenos naturales.

Antes de 2050 los primeros humanos pisarán Marte y la humanidad se convertirá en una especie interplanetaria, pero todavía no será una civilización de Tipo I. Para eso, hay que dejar de lado los combustibles fósiles y desarrollar energías renovables y la fusión nuclear.

Aun así, una civilización extraterrestre no sería capaz de saber que en la Tierra vive una especie inteligente a menos que se acercara mucho a nosotros. Si en los próximos siglos o milenios empezamos a viajar a otras estrellas nos convertiremos en una civilización fácil de descubrir.

Desde nuestro punto de vista, solo podríamos descubrir una civilización extraterrestre inteligente si es de Tipo II o Tipo III, puesto que las megaestructuras desplegadas para aprovechar la energía de la estrella serían visibles desde la Tierra.

Esto sería un acontecimiento trascendental que revolucionaría nuestra comprensión del universo y de nosotros mismos. Poder interactuar o aprender de estas civilizaciones avanzadas abriría nuevas posibilidades y nos empujaría a expandir nuestros horizontes tecnológicos y éticos.

El alto grado de incertidumbre hace que reflexionar y debatir sobre la existencia de vida extraterrestre inteligente sea uno de los temas más divertidos. Para esto es importante hacerlo desde una perspectiva científica y tecnológica, con un sólido escepticismo y la mente abierta para evitar caer en afirmaciones pseudocientíficas. Puedes hacerlo por tu cuenta o charlando con amigos y familiares. Te planteo algunas preguntas interesantes:

- ¿Piensas que es posible que existan formas de vida inteligente más allá de la Tierra?
- ¿La inteligencia es algo común en el universo o los humanos somos una excepción causada por una casualidad muy remota?
- Si existieran civilizaciones extraterrestres inteligentes, ¿crees que su tecnología sería parecida a la de la humanidad?
- ¿Te parece posible que la humanidad se convierta algún día en una civilización de Tipo I, II o III? ¿Cuánto tiempo crees que haría falta para llegar a cada uno de los niveles? ¿Qué tecnología sería necesario desbloquear?

CUARTA PARTE

MENSAJES EXTRATERRESTRES

9

Mensajes hacia el resto del universo

Hasta ahora hemos hablado de los proyectos SETI (Search for Extraterrestrial Intelligence), que buscan vida inteligente más allá de la Tierra. Lo hacen detectando señales que puedan venir de la tecnología de otras civilizaciones, ya sea de planetas lejanos o de cuerpos que sobrevuelan nuestro sistema solar, como 'Oumuamua, que ya hemos visto.

Vamos a hablar ahora de los proyectos METI (*Messaging Extraterrestrial Intelligence*), que consisten en enviar mensajes al universo con la intención de que una civilización extraterrestre los reciba y los entienda. Aunque es emocionante, en la comunidad científica no hay consenso sobre si se deberían seguir enviando mensajes o no. Vamos a ver los potenciales riesgos y beneficios de esta actividad.

Desventajas

Nos arriesgamos a revelar nuestra existencia y la localización de nuestro planeta. Los riesgos radican en lo desconocido y la incertidumbre sobre las intenciones y capacidades de las posibles civilizaciones extraterrestres que nos descubran.

Varios científicos han advertido de que hay que ser conscientes de las posibles consecuencias y proceder con prudencia, a tenor de lo ocurrido con las diferentes civilizaciones inteligentes que han existido en la Tierra. Aunque todas han sido de la misma especie, humanas, a lo largo de la historia se han producido encuentros en que la diferencia de desarrollo tecnológico era muy notable. En estos casos, por lo general la civilización más avanzada sometía a la más primitiva.

Si una civilización avanzada y malintencionada quisiera hacernos daño, podríamos tener serios problemas. Sería como si una tribu aislada en la selva se encontrara con una potente y desconocida civilización tecnológica: las consecuencias podrían ser desastrosas para los individuos más débiles. Podría hacer con nosotros lo mismo que hemos hecho con los animales. Durante el desarrollo de la civilización humana no se le ha dado importancia al aniquilamiento de otros hábitats. Si los aliens llegaran aquí y fueran mucho más avanzados que nosotros, acaso nos miraran como nosotros miramos a las hormigas, por ejemplo. Podrían vernos como una especie inferior y no darnos la trascendencia que nosotros pensamos que merecemos. Esto podría llevar a situaciones poco agradables, como la destrucción de nuestros pueblos y ciudades para el beneficio de los extraterrestres.

Otra preocupación es que revelar nuestra existencia podría atraer la atención no solo de una única civilización extraterrestre, sino de muchas. Nuestro planeta podría convertirse en el destino turístico o el campo de batalla de seres de otros mundos. Aunque esta situación es mucho más remota que la de contactar con una sola civilización extraterrestre, que de por sí ya es remota, es difícil predecir cómo manejaríamos esas situaciones.

Ventajas

Hay investigadores que afirman que hace tiempo ya revelamos nuestra existencia y localización con las señales de televisión o radio. Por tanto, no habría que tener miedo a enviar nuevos mensajes al universo.

Por otra parte, revelar nuestra localización no tiene por qué ser malo. Si la civilización que nos contacta es amistosa, nos podría traer beneficios inimaginables. Es como si ahora nosotros fuéramos a visitar un planeta en el que aún estuvieran en la edad de piedra. Si fuéramos de buenas, podríamos enseñar a sus pobladores muchas cosas nuevas y su civilización se desarrollaría mucho más rápido de lo que lo hubiera hecho de forma natural.

Nosotros, en cambio, fuimos autodidactas y el desarrollo científico y tecnológico ha sido fruto de numerosas pruebas y errores. En muchas ocasiones, algunos descubrimientos clave para el avance de la civilización han sido simples casualidades. Las combinaciones de experimentos, condiciones y casualidades que se podrían dar en un laboratorio son infinitas y posiblemente nunca vayan a ser descubiertas por la humanidad.

Colaborar con una civilización extraterrestre sería como comprar más boletos en la lotería de los descubrimientos científicos. Aumentarían, así, las posibilidades de que una de estas combinaciones azarosas se pueda haber dado en otro mundo y sus habitantes compartan ese conocimiento con nosotros.

Mensajes interestelares

Independientemente de las ventajas y desventajas que se puedan plantear, la humanidad ya ha transmitido varios mensajes al universo con la esperanza de que sean recibidos por civilizaciones extraterrestres. Estos esfuerzos se basan en la curiosidad y el deseo de establecer contacto más allá de la Tierra, a pesar de las dificultades de la comunicación interestelar.

Mensaje de Arecibo

En 1974 se transmitió el mensaje más potente jamás enviado al espacio desde el radiotelescopio de Arecibo, en Puerto Rico. La transmisión consistió en un mensaje pictórico simple, dirigido a posibles seres alienígenas en el cúmulo estelar globular M13. Este cúmulo está aproximadamente a veintiún mil años luz de nosotros, cerca del borde de la Vía Láctea, y contiene aproximadamente trescientas mil estrellas.

La transmisión fue particularmente potente porque utilizó una antena de 305 metros de diámetro, que concentra la energía del transmisor enfocándola en un área muy pequeña del cielo. La emisión equivalía a una transmisión omnidireccional de veinte billones de vatios y sería detectable por un experimento de búsqueda extraterrestre en casi cualquier lugar de la galaxia, asumiendo que los extraterrestres tuvieran una antena receptora de un tamaño similar a la de Arecibo.

El mensaje constaba de 1679 bits, organizados en setenta y tres líneas de veintitrés caracteres por línea. Incluía, entre otras cosas, el telescopio de Arecibo, nuestro sistema solar, el ADN, una figura humana y algunos de los productos químicos de la vida terrestre. Es poco probable que recibamos respuesta, pero el experimento fue útil para hacernos pensar sobre las dificultades de comunicarnos a través del espacio, el tiempo y una brecha cultural seguramente muy amplia entre la humanidad y otras posibles civilizaciones.

Figura 16. *Radiotelescopio de Arecibo (Puerto Rico). © Mariordo (Mario Roberto Durán Ortiz), fuente: Wikimedia Commons.*

Varios huracanes y tormentas dañaron el radiotelescopio de Arecibo durante la década de 2010. Finalmente, el 1 de diciembre de 2020 la estructura colapsó tras la rotura irreparable de tres de sus cables de soporte.

Naves Voyager

Las sondas gemelas Voyager 1 y 2 están explorando lugares hasta donde ningún instrumento humano ha volado antes. Se lanzaron en 1977 y llevan viajando más de cuarenta años, y cada nave está mucho más lejos de la Tierra y del Sol que el propio Plutón.

En agosto de 2012, Voyager 1 hizo la histórica entrada al espacio interestelar llena de material expulsado por la muerte de estrellas cercanas hace millones de años. Voyager 2 entró en el espacio interestelar el 5 de noviembre de 2018, y ahora los investigadores confían en aprender más sobre esta región. Ambas sondas todavía están enviando información científica sobre su entorno a través de la Red de Espacio Profundo, una red internacional de antenas de radio que sirven como apoyo a misiones espaciales interplanetarias.

La misión principal de las Voyager fue la exploración de Júpiter y Saturno. Después de una serie de descubrimientos, como los volcanes activos en la luna Ío de Júpiter y las complejidades de los anillos de Saturno, la misión fue extendida. Voyager 2 continuó explorando Urano y

Neptuno, y sigue siendo la única nave espacial que ha visitado estos planetas exteriores.

Las sondas Voyager son la tercera y cuarta nave espacial humana en volar más allá de todos los planetas de nuestro sistema solar. Las Pioneer 10 y 11 fueron las primeras, pero, el 17 de febrero de 1998, Voyager 1 adelantó a Pioneer 10 y se convirtió en el objeto de fabricación humana más lejano en el espacio.

Hoy en día, Voyager 2 recorre más de 1,3 millones de kilómetros al día, viajando a más de 55.000 km/h. Voyager 1 es aun más rápida: cubre casi 1,5 millones de kilómetros diarios a una velocidad de más de 60.000 km/h. Su misión actual consiste en explorar el límite más exterior de nuestro sistema solar. Y más allá.

Antes de su lanzamiento se adjuntó un disco de oro fonográfico a cada una de las naves Voyager. Uno de los propósitos era enviar un mensaje a posibles seres extraterrestres que pudieran encontrar las sondas mientras viajaban por el espacio interestelar. Además de imágenes, música y sonidos de la Tierra, se incluyeron saludos en cincuenta y cinco idiomas.

La NASA le pidió al dr. Carl Sagan que preparara un saludo y le dio libertad para elegir el formato y lo que se incluiría. Debido al calendario de lanzamiento, el tiempo era bastante limitado, y fue Linda Salzman Sagan la encargada de reunir los saludos. No se les dieron instrucciones sobre qué decir, excepto que tenía que ser un gesto breve para con posibles seres extraterrestres.

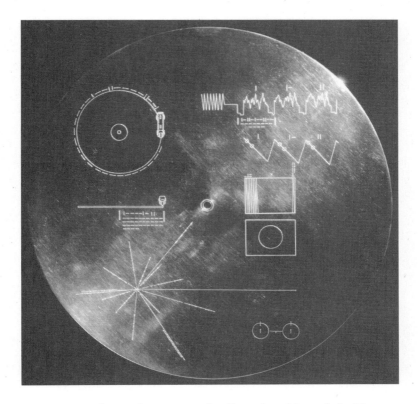

Figura 17. *Además de proteger a los discos, la cubierta de los Voyager Golden Records tiene instrucciones para que, en caso de ser encontrados por una civilización extraterrestre, puedan reproducir los sonidos y ver las imágenes grabadas. Contienen saludos en sesenta idiomas, muestras de música de diferentes culturas y épocas, y sonidos naturales y artificiales de la Tierra. También contienen información electrónica que una civilización tecnológicamente avanzada podría convertir en diagramas y fotografías. Imagen de la NASA/JPL, fuente: Wikimedia Commons.*

Durante todo el proyecto Voyager, todas las decisiones se basaron en la suposición de que había dos audiencias para las cuales se estaba preparando el mensaje: nosotros, los habitantes de la Tierra, y aquellos que puedan existir en los planetas de estrellas distantes.

IRM Cosmic Calls

Los IRM Cosmic Calls son dos mensajes interestelares emitidos desde la Tierra hacia el resto del universo. El primero se envió en 1999 desde la estación de Evpatoria en Ucrania. Fue transmitido en la dirección de cuatro estrellas diferentes y se repitió tres veces por cada estrella. El segundo fue enviado en 2003 a cinco estrellas diferentes desde la misma estación de Evpatoria y esta vez también desde Roswell, en Estados Unidos.

Todos los objetivos están a menos de cien años luz, pero el mensaje podría detectarse hasta una distancia de 10.000 años luz. Como estas estrellas están en el plano galáctico, el mensaje llegará a unas cuantas más de alrededor. El objetivo más cercano es una estrella de la constelación de Casiopea, que recibirá el mensaje en abril de 2036.

Los caracteres que se envían son combinaciones de 5x7 bits. Están diseñadas de tal manera que, aunque alguno de los bits no se reciba bien, el símbolo siga siendo único y no se pueda confundir con otro.

Estos mensajes están basados en las matemáticas, puesto que se asume que cualquier civilización capaz de emitir y recibir señales del espacio exterior necesita entender las matemáticas y la física para hacer funcionar su tecnología de comunicaciones. Literalmente, las matemáticas son el lenguaje universal.

Los mensajes detallan los números del cero al nueve, las operaciones matemáticas como suma, resta, igualdad, alguna operación lógica y hasta el propio concepto de matemática. Se detallan algunos ejemplos de operaciones, como que uno más uno es dos, que tres menos dos es uno y que cuatro por tres es doce. Se habla de las divisiones, de la indeterminación de dividir entre cero y de los números periódicos. Casi que los aliens se sacan la secundaria leyendo un par de páginas.

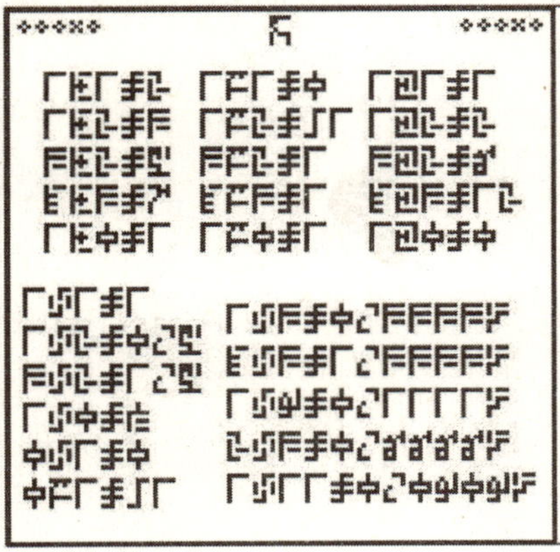

1+1=2	1-1=0	1*1=1
1+2=3	1-2=-1	1*2=2
3+2=5	3-2=1	3*2=6
4+3=7	4-3=1	4*3=12
1+0=1	1-0=1	1*0=0

1/1=1	1/3=0.3333…
1/2=0.5	4/3=1.3333...
3/2=1.5	1/9=0.1111...
1/0=undetermine	2/3=0.6666...
0/1=1	1/11=0.0909…
0-1=-1	

Figura 18. *Introducción a las operaciones matemáticas en un mensaje de los IRM Cosmic Calls. El código de la izquierda, pensado para que lo entiendan los posibles receptores extraterrestres, corresponde a las operaciones de la derecha. © S. Dumas.*

Una vez entendidas las matemáticas, la física es el siguiente paso para detallar el mundo que nos rodea. Los mensajes describen las unidades básicas como el kilo, el metro y el segundo, conceptos como las partículas que componen el átomo, magnitudes como masa, distancia, tiempo y las constantes más importantes.

Tras la física, con la aparición de átomos y moléculas se originó la química. El mensaje enseña a los posibles receptores extraterrestres algunos elementos como el hidrógeno, el helio o el carbono, moléculas como la adenosina, símbolos para describir una célula o simplemente para definir macho y hembra.

Se habla de los cuerpos astronómicos más importantes de nuestro sistema solar como el Sol y los planetas y lunas que orbitan a su alrededor. Cuando se envió el mensaje, Plutón todavía ostentaba la categoría de planeta.

Aparte de los símbolos, se usan, además, imágenes para explicar dónde y cómo vivimos los humanos. Se dice que la Tierra está principalmente compuesta por sílice, alúmina y óxido de hierro, que la atmósfera se compone de nitrógeno, oxígeno, argón y dióxido de carbono, que el punto más elevado del planeta Tierra es el monte Everest, a 8.848 metros de altura, que los océanos están compuestos por agua y sal y su punto más profundo es la fosa de las Marianas a once mil metros bajo el agua, y que la aceleración de la gravedad en nuestro planeta es de unos $9,81 \text{ m/s}^2$.

Finalmente, el mensaje especifica cómo somos los humanos mediante un dibujo en el que se indica que medimos metro ochenta de media, que somos unos seis mil millones (recuerda que esto se envió en 2003) y que nuestra temperatura corporal es de 311 K, unos 37 °C. También se habla del rango de sonido que podemos escuchar, que va desde los 20 Hz a los 20.000 Hz, y del rango de frecuencia que nuestros ojos pueden ver, o sea la luz visible.

CONCLUSIÓN Y DEBATE

Contactar con una civilización extraterrestre inteligente tendría consecuencias inciertas para la humanidad. Algunas de ellas son buenas, como un desarrollo tecnológico acelerado, y otras no tanto porque, basándonos en la propia historia de la humanidad, es posible que la civilización más avanzada someta a la más débil.

Como la curiosidad humana es más fuerte que cualquier desventaja que pueda darse, ya se han enviado varios mensajes hacia el universo que contienen información sobre el sistema solar, la Tierra y la civilización humana. Algunos de los más importantes son el mensaje de Arecibo, los Voyager Golden Records, que viajan a bordo de las naves espaciales que más lejos han llegado en toda la historia, y los IRM Cosmic Calls.

En el siguiente capítulo veremos qué pasaría si una civilización extraterrestre recibe uno de estos mensajes y nos contesta, pero, de momento, te planteo algunas ideas para reflexionar y debatir sobre la estrategia de enviar mensajes en busca de vida inteligente.

- ¿Estás de acuerdo con las ventajas y desventajas que podría tener el hecho de contactar con una civilización extraterrestre? ¿Añadirías o quitarías alguna?
- ¿Crees que es acertado enviar mensajes al resto del universo, aun sabiendo que esto puede poner en peligro la existencia de la civilización humana?
- ¿Piensas que los posibles beneficios de enviar mensajes a los extraterrestres superan a los riesgos?
- ¿Cuál crees que es el principal motivo para este tipo de proyectos? ¿La mera curiosidad o los be-

neficios que podría tener contactar con una civilización inteligente?

Al final del libro, la sección de referencias incluye todos los documentos que he consultado para informarme. Si quieres ver con más detalle y detenimiento el mensaje de los IRM Cosmic Calls, puedes acceder a él en la página web que cito.

10

Hemos recibido un mensaje extraterrestre. ¿Contestamos?

De la misma manera que la humanidad lleva años enviando mensajes hacia diferentes puntos del espacio, es posible que una civilización extraterrestre esté lanzando sus propios mensajes, detallando dónde viven y qué aspecto tienen, y que recibamos uno de ellos en la Tierra.

También podría darse el caso de que una civilización alienígena encuentre los discos dorados de las naves Voyager, que reciba el mensaje de Arecibo o uno de los IRM Cosmic Calls. Si lograran descifrarlo y localizar la posición de la Tierra, es posible que decidieran responder.

La señal *Wow!*

Además de enviar mensajes, hace tiempo que la humanidad está escuchando lo que puede venir desde el espacio exterior. El radiotelescopio Big Ear fue uno de los primeros en hacerlo. Tenía una inmensa superficie metálica del tamaño de tres campos de fútbol y usaba la rotación de la Tierra para recorrer el cielo. En la década de los setenta, fue el primer telescopio usado para buscar continuamente señales de posibles civilizaciones extraterrestres. En agosto de 1977, recibió una señal de radio de origen desconocido durante setenta y dos segundos proveniente de la constelación de Sagitario que alcanzó una intensidad treinta veces superior al ruido de fondo. La señal fue tan intensa que, al verla en los registros en papel, uno de los investigadores la marcó y añadió el siguiente comentario: «*Wow!*». Se apuntó el telescopio de nuevo hacia la misma zona del cielo y, durante años, se intentó volver a detectar la señal, pero solo se escuchó esa vez y nunca se pudo determinar su origen.

Las explicaciones son variadas, desde que puede ser la señal de una civilización extraterrestre hasta que puede tratarse del paso de un cometa. Su descubridor, Jerry Ehman, afirma que, en caso de haber sido una señal enviada por una inteligencia extraterrestre, «deberíamos haberla visto de nuevo cuando la buscamos más de cincuenta veces; algo me sugiere que se trató de una señal con origen terrestre que simplemente se reflejó en algún trozo de basura espacial».

Siempre nos quedará la duda, pero ¿qué habría pasado si se hubiera confirmado que la señal *Wow!* era de origen extraterrestre?

Hemos recibido un mensaje extraterrestre. ¿Y ahora qué? Ponte en la situación de que un grupo de investigación recibe un mensaje de una civilización extraterrestre y logra descifrarlo. Nos han contactado desde un planeta muy lejano y están esperando una respuesta. La humanidad tiene que decidir qué hacer. ¿Contestamos o no contestamos? Si contestamos, ¿qué decimos? Responder estas preguntas implica hacerse muchas otras. ¿Quién decide si hay que responder? ¿Hay que hacer caso a los científicos, a los políticos, o es mejor hacer un referéndum mundial para que se tenga en cuenta a la mayoría de la población?

En el capítulo anterior hemos visto las ventajas y desventajas de contactar con una civilización extraterrestre. De esa respuesta puede depender que los alienígenas aniquilen a la raza humana o, al contrario, que vengan en son de paz y nos traigan grandes avances tecnológicos.

Lo que es seguro es que no todo el mundo estaría de acuerdo con la decisión final. Y que habría negacionistas de los aliens. Aunque esta situación es hipotética, no es imposible. También era remota la posibilidad de que un virus pusiera en cuarentena al planeta entero, y en el año 2020 tuvimos una sorpresa.

En situaciones de este tipo, que afectan a toda la población, no suele haber una solución que beneficie por igual a todo el mundo. Vamos a comparar la respuesta que podría darse ante un posible contacto extraterrestre con

— 161 —

la que se dio ante la crisis provocada por la pandemia de COVID-19. En función del criterio que se siga para tomar decisiones, las consecuencias de la respuesta pueden ser muy diferentes.

Criterio científico

Los argumentos basados en la ciencia son muy útiles y apropiados para preguntas con una respuesta clara. Por ejemplo, para impedir la propagación de la COVID-19, hay que llevar mascarilla, minimizar las interacciones sociales y ponerse la vacuna cuando esté disponible. Aquí no hay vuelta de hoja.

Estas son respuestas objetivas basadas en la evidencia científica, pero hay cuestiones en las que la respuesta no es blanca o negra. Entonces hay que hacer un balance, ya que lo que beneficia a unos puede perjudicar a otros. Por ejemplo, ¿hay que cerrar bares y restaurantes para frenar el avance del virus? Por una parte, esto sería bueno porque, al reducir las interacciones sociales, los contagios disminuirán, pero a la vez perjudicaría a los propietarios de bares y restaurantes cuyo sueldo depende de estar abiertos al público.

En el caso del contacto extraterrestre, responder a los aliens podría ser una elección acertada si estos son pacíficos, pero, por otra parte, puede ser totalmente inoportuna si son hostiles. Como este tipo de preguntas no tienen una única respuesta correcta y objetiva, la ciencia solo puede dar una guía de información veraz y basada en la evidencia que ayude a tomar medidas beneficiosas para la mayoría. Para tomar decisiones subjetivas, hacer balances y llegar a acuerdos entre posiciones distantes, el espacio creó a los políticos.

Criterio político

Cerrar o no los bares y contestar o no al mensaje extraterrestre son cuestiones para las cuales hay que seguir un criterio subjetivo. Las consecuencias de las acciones que se emprenden y repercuten sobre la sociedad dependen de tantos factores que normalmente hay que ponerlas en una balanza. Aun así, es muy importante que todas las decisiones políticas se basen en la ciencia. De lo contrario, la humanidad podría enfrentarse a situaciones muy duras, como pasó en los países cuyos gobiernos decidieron no poner a la población en cuarentena durante la pandemia o lo que podría pasar si los partidos políticos que niegan el cambio climático llegan al poder.

En el caso de la pandemia, si se plantea la opción de cerrar los bares es porque existe evidencia científica que respalda que el virus se transmite de persona a persona por los aerosoles que se expulsan al respirar, hablar o to-

— 163 —

ser. Sin esta base de conocimiento, no habría decisiones que tomar.

Una vez que el político ha consultado a la comunidad científica y ha adquirido ese conocimiento basado en la evidencia, es su responsabilidad aplicar juicios de valor. Esto es poner en la balanza las diferentes opciones y escoger la que, según su criterio, sea mejor. Por supuesto, los políticos discreparán entre ellos sobre cuál es la mejor solución, puesto que, según la corriente ideológica a la que estén adheridos, priorizan a diferentes sectores de la población en función de su edad, estatus socioeconómico, etc.

En un país en que sus ciudadanos han elegido a su líder de forma democrática es relativamente fácil tomar decisiones porque hay mecanismos legales para hacerlo. Por ejemplo, el presidente del Gobierno de España puede decretar que se cierren todos los bares de España, y así se hará, pero ¿quién es el presidente de la Tierra?

Como la humanidad carece de un líder común, no hay nadie que pueda dar la orden de contestar o no contestar a los extraterrestres. Los protocolos (que veremos con más detalle al final del capítulo) indican que estas decisiones las debería tomar la Organización de las Naciones Unidas, la ONU.

Figura 19. *La Organización de las Naciones Unidas (ONU) es el máximo responsable en caso de que haya un contacto extraterrestre. La información debería mantenerse en secreto y, una vez verificada, habría que contactar con el secretario general de la ONU. Fuente: Wikimedia Commons.*

El protocolo indica que, si algún día un grupo de investigadores recibe un mensaje extraterrestre, tendrá que mantenerlo en secreto hasta que sea verificado por otros científicos. Una vez que se haya confirmado que, efectivamente, se trata de un mensaje alienígena real, hay que informar al secretario general de la ONU. Así que, de alguna manera, el máximo dirigente de la ONU actuaría como líder de la humanidad. Aunque esto no quiere decir que haya que hacer lo que él diga, sería el responsable de hacer los juicios de valor de acuerdo con la evidencia científica. El protocolo dice que no hay que contestar a ningún mensaje extraterrestre hasta que se hagan las consultas internacionales pertinentes.

Referéndum mundial

Según los criterios científicos y políticos, se podría dejar la decisión de contactar o no con los extraterrestres en manos de toda la población del planeta. Para llevar a cabo un referéndum mundial habría que plantear dos opciones bien obvias: contactar con la inteligencia extraterrestre enviando un mensaje en concreto o no contactar. Se tendría que informar a la población mundial de forma clara y completa de lo que implica cada situación y sus posibles consecuencias para que todo ser humano mayor de edad pueda votar.

A continuación, habría que establecer un criterio para decidir qué se hace tras la votación. ¿Cuál es la mayoría necesaria para contactar con los extraterrestres? ¿Es suficiente con superar el 50 por ciento o sería necesario un consenso más amplio?

El principal problema de un referéndum mundial es

que no todos los países del mundo son democráticos. De hecho, en 2021 se estimaba que solo el 29 por ciento de la población vive en una democracia, mientras el resto lo hace bajo un régimen autocrático. Por tanto, planea la duda sobre si la mayoría de la población tendría la libertad de votar o si los países autocráticos limitarían la decisión a la voluntad de sus líderes.

Protocolo de posdetección de inteligencias extraterrestres

En 1989 el Comité para la búsqueda de inteligencia extraterrestre de la Academia Internacional de Astronáutica (IAA, por sus siglas en inglés) desarrolló la declaración de principios sobre cómo proceder después de la detección de una inteligencia extraterrestre. Estos protocolos de posdetección son una guía para saber cómo verificar y anunciar que se ha descubierto la existencia de una inteligencia extraterrestre.

En 1995 se fue un poco más allá y se presentó el proyecto de declaración de principios sobre el envío de comunicaciones a inteligencias extraterrestres, que detalla qué pasos seguir antes de enviar un mensaje a una posible inteligencia extraterrestre. Estos protocolos fueron presentados al Comité de las Naciones Unidas para el Uso Pacífico del Espacio Ultraterrestre y recibieron un amplio respaldo y aprobación internacional por parte de instituciones e individuos involucrados o interesados en la búsqueda de inteligencia extraterrestre. Hoy en día, estas son las instrucciones más detalladas sobre lo que hay que hacer antes de comunicarse con extraterrestres inteligentes:

1. Se deben iniciar consultas internacionales para considerar la cuestión de enviar comunicaciones a civilizaciones extraterrestres.
2. Las consultas sobre si se debe enviar un mensaje y su contenido deben tener lugar dentro del Comité de las Naciones Unidas para el Uso Pacífico del Espacio Ultraterrestre y en otras organizaciones gubernamentales y no gubernamentales, y deben permitir la participación de grupos capacitados e interesados que puedan contribuir de manera constructiva a estas consultas.
3. Estas consultas deben estar abiertas a la participación de todos los estados interesados y deben tener como objetivo llegar a recomendaciones que reflejen un consenso.
4. La Asamblea General de las Naciones Unidas deberá considerar tomar la decisión sobre si enviar o no un mensaje a la inteligencia extraterrestre y sobre cuál debería ser el contenido del mensaje, basándose en recomendaciones del Comité para el

Uso Pacífico del Espacio Ultraterrestre y de organizaciones gubernamentales y no gubernamentales.

5. Si se toma la decisión de enviar un mensaje a una inteligencia extraterrestre, este debería enviarse en nombre de toda la humanidad y no en nombre de estados individuales.

6. El contenido de dicho mensaje debe reflejar una preocupación cuidadosa por los amplios intereses y el bienestar de la humanidad, y debe hacerse público antes de su transmisión.

7. Como el envío de una comunicación a una inteligencia extraterrestre podría llevar a un intercambio de comunicaciones separadas durante muchos años, se debe considerar un marco institucional a largo plazo para tales comunicaciones.

8. Ningún estado debe enviar una comunicación a una inteligencia extraterrestre hasta que hayan tenido lugar consultas internacionales apropiadas. Los estados no deben intentar comunicarse con la inteligencia extraterrestre sin cumplir con los principios de esta declaración.

9. En sus deliberaciones sobre estas cuestiones, los estados y los organismos de las Naciones Unidas deben recurrir a la experiencia de científicos, académicos y otras personas con conocimientos relevantes.

Estos principios son una guía para que, en caso de contacto con una civilización extraterrestre, este se establezca con el máximo consenso y velando por el beneficio de toda la humanidad. Sin embargo, no están reconocidos por la ley de ningún país. Como nadie está obligado a cumplirlos, se podría dar el caso de que un país decidiera hacer contacto unilateralmente, tomando por su cuenta una decisión que afectará al resto del mundo. Por otra parte, al haberse estipulado en 1995, no tienen en cuenta los nuevos medios de comunicación masivos, como internet y las redes sociales. Así que en futuras versiones de los principios de posdetección seguramente se tendrán que considerar otras maneras de informar a la población del contacto con una civilización alienígena y la intención de comunicarse con ella.

El papel de la ONU, en caso de un contacto extraterrestre, es muy parecido al papel desempeñado por la Organización Mundial de la Salud (OMS) durante la pandemia de COVID-19. Ambas organizaciones asumen la responsabilidad de aplicar criterios políticos basándose en la evidencia científica para guiar a los gobernantes del mundo. Para terminar el capítulo vamos a ver en qué se parecen y en qué se diferencian ambas situaciones.

Similitudes con la pandemia de COVID-19

Tanto el contacto con una inteligencia extraterrestre como una pandemia suponen una crisis de naturaleza científica. Para tomar decisiones sobre un virus o comunicaciones interestelares hay que seguir el consejo de los expertos que llevan años dedicándose a estudiar la misma disciplina.

Como ya se vio durante la pandemia de COVID-19, estas situaciones son propensas a que proliferen creencias conspiranoicas y negacionistas que intentan explicar que se deben a un complot secreto de una alianza encubierta de personas u organizaciones poderosas, en lugar de a una actividad manifiesta o un suceso natural. Seguro que te has encontrado con mucha gente que dice haber leído libros y visto vídeos en internet que contradicen a la comunidad científica, como que el virus no existe o que la mascarilla y la vacuna solo sirven para controlar a la población. En muchos casos, estas creencias se deben al miedo y a la incertidumbre.

Un virus nuevo implica que los investigadores tengan que aprender sobre la marcha. Por eso, al principio había mucha confusión sobre cuál era la mejor manera de tratar la enfermedad e impedir su propagación. Es normal que el hecho de vivir por primera vez una pandemia sumada a esta incertidumbre cause miedo y ansiedad en la población, que buscará confort y tranquilidad en discursos que no planteen ninguna duda. Es decir, tomarán posturas negacionistas y se unirán a creencias conspiranoicas porque da mucho menos miedo pensar que el virus no existe o que es un invento de las élites mundiales a creer que realmente existe una enfermedad desconocida que se transmite por el aire y que está matando a millones de personas.

Es difícil presentar pruebas persuasivas para refutar este tipo de ideas, especialmente porque a menudo se considera que los propios expertos forman parte de la conspiración. Afirmar que sabes más que la comunidad científica porque has leído mucho, pero no te has dedicado nunca a la investigación es como querer ser profesor de guitarra porque has escuchado mucha música, pero no has tocado un instrumento musical en tu vida. En definitiva, hay que confiar en las personas que saben y que han invertido años en su formación.

En el caso de un contacto con una inteligencia extraterrestre esto sería muy similar porque ambas situaciones son inesperadas. Aunque se sabe que son posibles, nadie deja de reservar unas vacaciones por si acaso hay una pandemia o nos contactan los aliens. También habría mucha incertidumbre al principio, provocando miedo y ansiedad en la población. Ambas crisis afectan a todas las personas del planeta y son causadas por una amenaza externa, o sea, toda la humanidad está en el mismo bando, al contrario de lo que podría pasar en una guerra, por ejemplo.

Una de las principales diferencias es que la COVID-19 no es la primera pandemia a la que se enfrenta la humanidad. Por tanto, estamos mejor preparados porque los errores que se han cometido en el pasado no se deberían volver a cometer en el futuro. En cambio, nunca hemos tenido que gestionar un contacto extraterrestre.

Por último, aunque indirectamente pueda tener beneficios, como la implantación del teletrabajo o nuevos avances en medicina, una pandemia siempre es una mala noticia. Sin embargo, contactar con una civilización extraterrestre podría ser muy perjudicial si son hostiles, pero en caso de ser amistosos podría traer grandes beneficios.

CONCLUSIÓN Y DEBATE

La humanidad lleva años enviando mensajes al universo y escuchando aquellos que podrían proceder desde más allá de nuestro sistema solar con el objetivo de contactar con una civilización extraterrestre.

En este capítulo planteamos la hipotética situación de que la humanidad reciba un mensaje de una inteligencia extraterrestre y el consiguiente dilema de qué contestar y cómo tomar la decisión. Este sería sin duda uno de los eventos más importantes de la historia de nuestra civilización y las decisiones deberían alcanzarse con un gran consenso.

Contestar o no contestar a una inteligencia extraterrestre es una cuestión de gran relevancia, ya que potencialmente cambiaría la sociedad humana para siempre. Por eso, es fundamental que se base en el conocimiento científico y en adecuados juicios de valor por parte de los políticos. Si tanto el criterio científico como el político concluyen que las probabilidades de que contestar al mensaje sea perjudicial para la humanidad son altas, lo mejor sería no arriesgar y quedarse callados. ¿Estás de acuerdo?

En cambio, si el riesgo de contestar es bajo, la opción más justa sería la de tomar la decisión mediante un referéndum mundial porque lo ideal sería firmar el mensaje en nombre de toda la humanidad. En este caso, está claro que la opción más conservadora es la de no contestar, ya que no provocaría ningún cambio y dejaría a la civilización humana tal y como está, mientras que llevar a cabo el contacto sería algo nuevo con consecuencias muy disruptivas, ya sean buenas o malas. Normalmente, cambios tan importantes requieren de un consenso más grande que una mayoría absoluta. Piensa que para cambiar la Constitución española, por ejemplo, se necesita el consenso de dos tercios del Congreso, o sea, una mayoría cualificada.

Como nadie está legalmente obligado a cumplir con los protocolos de posdetección, es posible que se diera el caso de que un país decidiera hacer contacto con una civilización extraterrestre por su propia cuenta, afectando así al resto del planeta. Estos problemas regulatorios ya son una realidad en el sector aeroespacial porque, actualmente, una empresa solo necesita el permiso de su país para lanzar satélites y hacer actividades en el espacio. Por ejemplo, a SpaceX, la empresa de Elon Musk, le ha bastado con el permiso de Estados Unidos para poner en órbita miles de satélites Starlink, cuyos reflejos afectan a las observaciones astronómicas de investigadores de todo el mundo. Más allá de que esto sea justo o no, una de las asignaturas pendientes del sector es avanzar en las regulaciones para que actividades de este tipo sean aprobadas con un consenso más grande, puesto que la exploración del espacio es un objetivo común de toda la civilización humana.

Parece imposible que algún día podamos ver una situación como esta, pero es muy parecida a la pandemia de COVID-19. Situaciones extremas nos enseñan que la ciencia consiste en aprender sobre la marcha, que no tenemos respuestas ni soluciones para todo y que hay que confiar en los expertos.

Este capítulo plantea varios temas de debate sobre los que podríamos estar hablando durante horas porque abordan muchos aspectos de la civilización humana, la sociedad moderna y la ciencia. Te propongo algunas cuestiones y te cuento mi opinión personal al final para que reflexiones sobre si estás de acuerdo o no:

- ¿Cómo afrontarías el dilema de contestar o no a una inteligencia extraterrestre? ¿Estás de acuerdo con los principios de posdetección o harías algún cambio? ¿Confiarías más en el criterio científico y político o harías un referéndum a escala mundial?
- ¿Cuál te parecería la mejor manera de comunicar a la población que la humanidad ha recibido un mensaje extraterrestre? ¿Usarías la tele, una página web o alguna red social en concreto?
- ¿Cuál crees que es la causa de que surjan creencias negacionistas y conspiranoicas ante situaciones como la pandemia de COVID-19? ¿Crees

que pasaría algo similar en caso de un contacto alienígena?

- Imagina que se lleva a cabo un referéndum mundial para decidir si contestamos o no a los extraterrestres. ¿Cuál te parecería la mejor manera de hacerlo? ¿Tú qué votarías?

En mi opinión, el criterio científico serviría para garantizar la seguridad de la humanidad. Si los investigadores piensan que contestar tiene altas probabilidades de salir mal, ni siquiera permitiría decidir a los políticos. Sin embargo, si, una vez pasado el filtro científico, la opción de contactar parece segura, dejaría en manos de los políticos el valorar qué opción es más beneficiosa para nuestra civilización. En última instancia, si ambas opciones son seguras, la población (asumiendo que quizá solo una parte pueda votar libremente) debería tomar la decisión de contactar o no. Ante un referéndum, si la seguridad de la humanidad no corre peligro, votaría sí al contacto. Primero, movido por la curiosidad; segundo, por el gran cambio que supondría en nuestra sociedad el saber que no estamos solos en el universo; y tercero, por los posibles desarrollos tecnológicos que nos pueda aportar otra civilización inteligente.

QUINTA PARTE

EL FENÓMENO OVNI

11

Los ovnis existen

Un objeto volador no identificado (OVNI) es cualquier objeto aéreo o fenómeno óptico que no puede ser identificado fácilmente por la persona que lo observa. Los ovnis se convirtieron en un tema de gran interés tras la Segunda Guerra Mundial. Algunos investigadores creían que podían ser vida inteligente extraterrestre visitando la Tierra.

El primer avistamiento conocido de un ovni se produjo en 1947, cuando el empresario Kenneth Arnold afirmó haber visto un grupo de nueve objetos de alta velocidad mientras volaba en su avioneta. Arnold estimó que la velocidad de los objetos era de varios miles de kilómetros por hora y dijo que se movían «como platillos saltando sobre el agua». En el artículo de prensa que contaba el suceso se dijo por error que los objetos tenían forma de platillo, de ahí el término «platillo volante».

A día de hoy, la mayoría de los avistamientos tienen

una explicación no relacionada con extraterrestres, pero algunos siguen sin resolver.

El alien de Roswell

En julio de 1947, poco después del primer avistamiento, sucedió uno de los eventos más icónicos y controvertidos del pasado siglo: un objeto se estrelló en un rancho cerca de Roswell (Nuevo México). Los periódicos publicaron que se trataba de un «disco volador» estrellado y que se habían recuperado cuerpos de origen extraterrestre, dando lugar a la imagen arquetípica del alien de Roswell.

Los informes desclasificados de la Fuerza Aérea de Estados Unidos en la década de los noventa apuntan a que el objeto estrellado en Roswell fue el vuelo número cuatro del proyecto secreto Mogul, que usaba globos estratosféricos para detectar bombas nucleares soviéticas. Los supuestos cuerpos de extraterrestres encontrados serían, en realidad, cuerpos de prisioneros de guerra japoneses que habrían sido utilizados como sujetos de prueba, por lo que vestían trajes diseñados para soportar las altas presiones y la falta de oxígeno, similares a los trajes espaciales de los astronautas.

La sorpresa mayúscula por parte de los habitantes de la zona rural de Roswell parece lógica al contemplar cómo una nave cae del cielo y sus tripulantes visten trajes propios del espacio. Una de las hipótesis que se antojan más plausibles es que interesaba mantener el proyecto en secreto y por eso se desvió la atención hacia el supuesto incidente ufológico.

A lo largo de las décadas posteriores, el suceso de Roswell se ha convertido en un símbolo de las teorías de conspiración relacionadas con el encubrimiento de la existencia de vida extraterrestre por parte de los sucesivos gobiernos de Estados Unidos. La imagen estereotipada del alien de Roswell ha aparecido en películas, programas de televisión y en la cultura popular en general. Es común escuchar que sus restos se guardan en la famosa Área 51.

El Área 51

El Área 51 se ubica en el desierto de Nevada en Estados Unidos. Se asocia con teorías de conspiración, secretos gubernamentales y avistamientos de ovnis. Una de las creencias más extendidas es que allí se guardan los restos de la nave espacial extraterrestre que se estrelló en Roswell junto con los cuerpos de sus tripulantes.

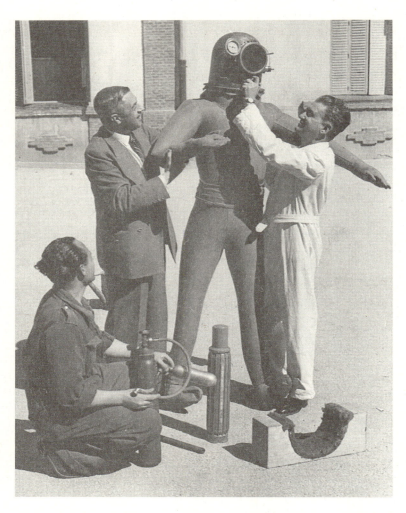

Figura 20. *Escafandra estratonáutica diseñada en 1935 por el ingeniero español Emilio Herrera para hacer viajes en globo hasta la estratosfera. Los trajes de los prisioneros de guerra japoneses a bordo de los globos del proyecto Mogul seguramente fueran muy parecidos, haciendo pensar a quienes vieron los restos del accidente de Roswell que eran cuerpos de extraterrestres.* © *Nationaal Archief, fuente: Wikimedia Commons.*

Su existencia está confirmada por el gobierno de Estados Unidos como una instalación ultrasecreta de la Fuerza Aérea. Se estima que fue fundada en la década de los cincuenta sobre el aeródromo Groom Lake, usado durante la Segunda Guerra Mundial. Se utiliza para la investigación y el desarrollo de tecnología aeronáutica, como los aviones espía U-2 y SR-71 Blackbird. Sin embargo, el secretismo que rodea sus operaciones, la falta de información oficial y su ubicación remota han dado lugar a una serie de teorías de conspiración que sugieren que la base alberga secretos más oscuros, como la investigación de tecnología alienígena y la realización de experimentos con seres extraterrestres capturados.

Primeras investigaciones oficiales

Los avistamientos de fenómenos aéreos no identificados fueron en aumento hasta que en 1948 la Fuerza Aérea de Estados Unidos comenzó una investigación de estos informes llamada proyecto Sign.

La primera hipótesis de los investigadores del proyecto giraba en torno a que los ovnis fueran aeronaves soviéticas muy sofisticadas. Otros también sugirieron que fueran naves espaciales de otros mundos, la hipótesis extraterrestre (ETH).

Este tipo de proyectos fueron evolucionando hasta que se decidió emprender una investigación oficial más larga. Desde 1952 hasta 1969, el proyecto Blue Book recopiló informes de más de doce mil avistamientos o eventos. La mayoría fueron clasificados como «identificados» porque estaban relacionados con un fenómeno astronómico, atmosférico o causado por humanos. En torno al 6 por ciento del total se catalogaron como «no identificados». O sea, en estos casos no había suficiente información para establecer una identificación con un fenómeno conocido.

Investigación científica de los ovnis

Los avistamientos en Estados Unidos fueron en aumento. No solo a simple vista, sino también con dispositivos tecnológicos como radares. Aunque estos eventos solían tener explicaciones naturales, el récord histórico de avistamientos de ovnis llevó al Gobierno estadounidense a crear un panel de expertos científicos para investigar los fenómenos. El panel fue presidido por H. P. Robertson, físico del Instituto de Tecnología de California en Pasadena, California, e incluía a otros físicos, un astrónomo y un ingeniero aeroespacial.

En 1953, el panel Robertson se reunió durante tres días, entrevistó a oficiales militares y al jefe del proyecto Blue Book y revisó vídeos y fotos de ovnis. Sus conclusiones fueron que el 90 por ciento de los avistamientos podían atribuirse fácilmente a fenómenos astronómicos y meteorológicos, como planetas y estrellas brillantes, meteoritos, auroras, o a objetos terrestres (aviones, globos, aves y haces de luz).

El panel afirmaba que no existía una amenaza de seguridad clara ni había evidencia que respaldara la hipótesis extraterrestre. Como algunas partes del informe se mantuvieron clasificadas hasta 1979, este largo periodo de secreto ayudó a alimentar las sospechas de encubrimiento por parte del Gobierno y las teorías conspiranoicas.

En 1966, la Fuerza Aérea pidió que se creara un segundo comité para revisar los avistamientos más intrigantes recopilados por el proyecto Blue Book. Durante dos años, treinta y siete científicos llevaron a cabo un estudio detallado de cincuenta y nueve avistamientos de ovnis y publicaron sus resultados en un informe que un comité especial de la Academia Nacional de Ciencias revisó posteriormente. Una vez más, este concluyó que no había evidencia de nada más que fenómenos comunes y que no merecía la pena continuar investigando. Esto, junto con el hecho de que el número de avistamientos disminuyó, llevó a la desmantelación del proyecto Blue Book en 1969.

Figura 21. *Varias formas de ovnis según sus observadores.* © *The National Archives UK, fuente: Wikimedia Commons..*

La resurrección de la hipótesis extraterrestre

En un principio, la hipótesis extraterrestre (ETH) fue desmentida por todos los comités de expertos, pero algunos científicos e ingenieros afirmaban que una pequeña fracción de los informes de ovnis más fiables arrojaba indicios de la presencia de extraterrestres. Entre ellos, el astrónomo J. Allen Hynek, investigador de la Universidad Northwestern y participante en los proyectos Sign, Grudge y Blue Book, que fundó el Centro para Estudios de Ovnis (CUFOS) para investigar el fenómeno. Hoy en día, CUFOS y la Red Mutua de Ovnis, en Colorado, continúan registrando avistamientos informados por el público. Aparte de en Estados Unidos, también se han mantenido registros oficiales de avistamientos de ovnis en Canadá, con alrededor de setecientos cincuenta avistamientos, y otros menos completos en el Reino Unido, Suecia, Dinamarca, Australia y Grecia.

Explicaciones a avistamientos ovni

La fiabilidad de los informes de ovnis es muy variable porque depende del número de testigos, de si estos eran independientes entre sí y de las condiciones de observación. El avistamiento de un ufólogo aficionado que sale una noche de niebla para buscar aliens no será tan fiable como el de un piloto de avión que se ve obligado a aterrizar de emergencia porque un ovni ha puesto su vuelo en peligro. Por supuesto, algunos de estos informes eran intencionadamente falsos, ya que es muy fácil falsificar una foto de un platillo volante con un tapacubos o un frisbee, pero vamos a centrarnos en los que tenían buenas intenciones.

En general, los testigos que se toman la molestia de informar sobre un avistamiento creen que es de origen extraterrestre o militar. Normalmente se habla de vuelos en formación de varios objetos, movimientos antinaturales y repentinos, la falta de sonido, cambios en el brillo o color y formas extrañas. Estas características llevan a pensar al observador que el objeto lo pilota un ser inteligente, sea humano o no.

En la Unión Soviética, los avistamientos de ovnis solían ser provocados por pruebas de cohetes militares secretos. Además, el Gobierno a veces alentaba la creencia pública de que estos cohetes podrían ser naves extraterrestres para ocultar la verdadera naturaleza de las pruebas. De la misma manera, muchos de los avistamientos de ovnis en China han sido provocados por actividades militares desconocidas para la población.

Aparte de las pruebas militares, es muy común que el ojo humano nos juegue malas pasadas, como ilusiones ópticas o percepciones distorsionadas de la realidad. Una luz brillante, como el planeta Venus, a veces parece moverse. Los objetos astronómicos también pueden desconcertar a los conductores porque, al estar tan lejos, parece que «sigan» al automóvil.

Tampoco se puede confiar en la percepción visual de la distancia a la que se encuentran los ovnis y la velocidad a la que se mueven porque se basan en un tamaño asumido y normalmente se hace contra un cielo sin otros objetos de fondo con los que poder comparar. Los vidrios de las ventanas, gafas o cámaras producen vistas superpuestas y sistemas ópticos complejos que pueden convertir fuentes de luz puntuales en fenómenos en apariencia con forma de platillo.

Por otra parte, los avistamientos que se han hecho con ayuda de la tecnología y que, en principio, serían más veraces, como las observaciones con radar, no pueden diferenciar entre objetos artificiales y estelas de meteoros, lluvia o diferencias térmicas en la atmósfera.

Relación con la ciencia ficción

Según Andrew Shail, profesor de cine en la Universidad de Newcastle, a finales de los años cincuenta el platillo volante se había convertido en una abreviatura de «nave espacial pilotada por seres de otro mundo», al alcance de todos los que trabajaban en las artes visuales. Sin ir más lejos, véase un buen ejemplo en la portada de este libro.

Figura 22. *Nube lenticular comúnmente reportada como ovni por su peculiar forma. Fuente: Wikimedia Commons.*

Desde entonces, los platillos volantes han representado a misteriosos visitantes de Marte y del más allá en muchas películas, series de televisión, novelas, cómics e incluso discos de éxito. El platillo volante es un clásico del diseño, el arquetipo del objeto volador no identificado.

En la década de los cincuenta, la población se mostraba nerviosa porque vivían en un mundo que, de repente, se había vuelto hostil. Con la fabricación de la bomba nuclear de la década anterior, muchas personas temían que la humanidad se dirigía hacia una guerra que destruiría el mundo. Estados Unidos y la URSS competían por ser la primera superpotencia en poner un satélite en órbita: la URSS ganó la competición con el Sputnik 1 en 1957. El interés por los platillos volantes se disparó en el mismo momento en que se hizo plausible la idea de que los seres humanos visitarían el espacio. La imaginación humana se dispara en todo tipo de direcciones cuando algo como la carrera espacial la estimula radicalmente.

A los ciudadanos estadounidenses les preocupaba una invasión soviética y la posibilidad de que sus propias ciudades fueran arrasadas por las bombas nucleares que habían devastado Hiroshima y Nagasaki en 1945. Centrarse en los ovnis, un fenómeno misterioso y entretenido, pero no necesariamente amenazador, a diferencia del riesgo de una guerra nuclear, permitía disfrutar de la ilusión de formar parte de una obra de ciencia ficción.

La suma de estas ilusiones ópticas junto con el deseo psicológico de interpretar imágenes explica muchos informes visuales de ovnis. De hecho, hay una correlación muy importante entre el estreno de películas de ciencia ficción con el aumento de avistamientos. Además, la gran mayoría de avistamientos se dan en países desarrollados, cuyos ciudadanos consumen más contenido audiovisual de ficción.

Restos «no humanos»

El verano de 2023, tres exoficiales de la Fuerza Aérea de Estados Unidos declararon bajo juramento que se habían encontrado restos biológicos «no humanos» en zonas donde se habían estrellado ovnis. Su objetivo es que el Pentágono termine con el secretismo sobre los fenómenos no identificados porque son una amenaza para la aviación, puesto que es habitual que tengan que interrumpir ejercicios aéreos por la presencia de ovnis. Piden que se hable sobre los avistamientos y que no se mantengan en secreto para que puedan estudiarse y entenderse y mejorar de este modo la seguridad aérea. Esto no quiere decir que las naves y los restos «no humanos» sean necesariamente extraterrestres. Pueden ser drones de otros países con restos biológicos de los miles de especies no humanas que existen en la Tierra.

De las declaraciones de estos tres exoficiales se entiende que lo importante es que los fenómenos ovni se investiguen con el fin de mejorar la seguridad nacional. Que las naves y los restos biológicos sean de origen extraterrestre o no es un tema aparte que deberá ser abordado por la ciencia, no por el ejército. Hay más testigos que han declarado a puerta cerrada y su objetivo es que el Congreso autorice la publicación de pruebas.

CONCLUSIÓN Y DEBATE

El fenómeno ovni es un enigma que sigue siendo objeto de interés y debate. Aunque la ciencia no ha demostrado la existencia de visitantes extraterrestres, sigue siendo importante mantener una mente abierta a nuevas evidencias y explicaciones. Al abordar el tema desde una perspectiva crítica y escéptica, evitaremos caer en afirmaciones pseudocientíficas y podremos tener un diálogo riguroso y basado en la realidad.

La ufología (el estudio de los ovnis) ha sido objeto de críticas por su falta de rigor científico porque se suele basar en testimonios anecdóticos o en evidencias débiles. En cambio, el método científico implica la formulación de hipótesis verificables y la realización de experimentos controlados y observaciones repetibles. Hasta la fecha, no se ha presentado ninguna evidencia concluyente que respalde la teoría de que los ovnis son naves extraterrestres.

Aun así, existen informes de encuentros con ovnis lo suficientemente intrigantes para que sean dignos de estudiar. Tanto pilotos como personal militar han informado de avistamientos de objetos que parecen superar las capacidades tecnológicas conocidas. Es necesario analizar estos informes porque, en primer lugar, constituyen un posible riesgo de seguridad aérea, pero también hay que tener en cuenta que algunos avistamientos pueden deberse a errores de percepción o ilusiones ópticas.

La tecnología militar está en constante evolución y hay mucho secretismo a su alrededor por motivos de defensa nacional. Por eso, puede dar lugar a aparatos que parecen extraños, inusuales y a veces ser definidos como «tecnología no humana». Por ejemplo, las personas que presenciaron los ataques nucleares sobre Hiroshima y Nagasaki en 1945 podrían sin más haber descrito las bombas como una tecnología propia de extraterrestres nunca antes vista en la Tierra. Literalmente nunca había sido vista porque su desarrollo se había mantenido en el más estricto secreto. Por tanto, los drones, globos meteorológicos o aviones experimentales son solo algunos ejemplos de objetos que pueden ser malinterpretados como ovnis.

Desde un punto de vista científico no se puede descartar ninguna posibilidad, pero siempre debe basarse en la evidencia y la lógica. Aunque no podemos afirmar categóricamente que los ovnis no sean naves extraterrestres, tampoco se puede decir lo contrario sin pruebas sólidas.

¿Estás de acuerdo con estas conclusiones? Hay varias preguntas interesantes sobre las que vale la pena pensar un poco:

- ¿Por qué crees que los avistamientos de ovnis se empezaron a dar después de la Segunda Guerra Mundial?
- ¿Crees que pueden tener origen extraterrestre?
- Si no son extraterrestres, ¿por qué tanta gente piensa que sí?
- ¿Qué opinas sobre las declaraciones de los ex-miembros de la Fuerza Aérea de Estados Unidos? ¿Su intención es mejorar la seguridad aérea o van más allá?
- ¿Por qué hay tanto secretismo alrededor de incidentes aeroespaciales, supuestamente relacionados con ovnis, y con instalaciones como el Área 51? ¿Crees que se limita a un asunto de seguridad nacional? ¿Qué motivos podría tener un estado para mantener en secreto el descubrimiento de una nave extraterrestre?

Desde mi punto de vista, está claro que el fenómeno ovni es algo real y que muchos de los testigos dicen la verdad, pero es curioso que los primeros avistamientos se dieran justo después de la Segunda Guerra Mundial y durante la carrera espacial, cuando se produjo uno de los desarrollos más importantes de la historia de la aeronáutica. Por tanto, la población pasó de ver un cielo vacío a observar cada vez más objetos voladores, ya sean identificados o no.

Además, la guerra fría entre Estados Unidos y la Unión Soviética favoreció el vuelo de sofisticadas aeronaves para el espionaje, que seguramente ni la población civil ni la mayoría de los militares habían contemplado antes. El nivel de secretismo que tienen los gobiernos con el objetivo de proteger su tecnología aeroespacial de posibles países enemigos hace que las personas de a pie piensen que lo que ocultan en realidad está relacionado con los extraterrestres. Pero ¿por qué iban a ocultar la existencia de extraterrestres cuando hay miles de investigadores contratados en instituciones públicas que, abiertamente, se dedican a buscar vida alienígena? Tiene mucho más sentido afirmar que con este secretismo se pretenda proteger tecnología de defensa nacional. Además, para un Estado es mucho más cómodo que la población pregunte sobre extraterrestres a que lo haga sobre los nuevos drones militares que se están desarrollando, por ejemplo. Por eso, tampoco me extraña que no se dedique demasiado esfuerzo a desmentir este tipo de teorías de la conspiración, ya que facilitan mucho la gestión de la información clasificada.

Tampoco es casualidad que la mayoría de los avistamientos se den en países desarrollados (sobre todo en Estados Unidos) y tengan una relación tan estrecha con las obras de ciencia ficción. Aunque la hipótesis extraterrestre no puede ser descartada, pienso que los avistamientos de ovnis son consecuencia de fenómenos ópticos o de tecnología militar.

La ciencia tiene la virtud de cuestionarse constantemente. Por eso, sobre todo cuando se discute sobre temas con un grado de incertidumbre alto, como los ovnis o la existencia de vida extraterrestre, hay que ser críticos con quienes defienden sus posturas con una fe ciega. He hablado con muchas personas que declaran con rotundidad que los extraterrestres han visitado la Tierra y que son mucho más avanzados que los humanos. Esto se contradice en gran medida con todo lo que estamos viendo en este libro porque, tras décadas de investigación, hoy en día no hay pruebas suficientes que respalden tan extraordinarias afirmaciones.

SEXTA PARTE

¿ESTAMOS SOLOS EN EL UNIVERSO?

12

La paradoja de Fermi y el gran filtro

El universo es tan grande que nuestra mente no es capaz de entender su tamaño, pero como tiene una edad finita solo podemos observar los cuerpos a cuya luz le ha dado tiempo a llegar hasta nosotros. En otras palabras, el objeto más lejano que podemos observar es aquel cuya luz ha tardado en llegar hasta nosotros el mismo tiempo que ha pasado desde el origen del universo hasta hoy.

Nadie se ha dedicado a contar las estrellas una por una, pero se puede saber cuántas hay de la misma manera que se puede saber cuántos granos de arena hay en nuestro planeta. Sabiendo la superficie total cubierta por arena y calculando la profundidad media, se estima el volumen total. Ahora, contando los granos de arena que hay en un pequeño volumen representativo se puede estimar cuántos granos de arena hay en toda la Tierra.

En el caso del universo el volumen representativo de estrellas es una galaxia. Midiendo su luminosidad es po-

— 203 —

sible calcular de forma aproximada la cantidad de estrellas que contiene y multiplicando el número de galaxias en el universo observable se considera que podemos ver unos cincuenta mil trillones.

Eso de que hay más estrellas en el universo que granos de arena en toda la Tierra es cierto y la mayoría de estas estrellas tienen planetas orbitando a su alrededor. Si de cada mil millones de estos planetas, uno solo desarrollara vida, podría haber cientos de civilizaciones inteligentes en nuestra galaxia.

Además, el nuestro es un planeta joven. De media, los planetas similares son unos dos mil millones de años más viejos. Por tanto, esas civilizaciones deberían tener la capacidad suficiente para viajar por el espacio e incluso ser más avanzadas que la nuestra porque han tenido mucho más tiempo para desarrollarse. Aunque sus naves viajaran más despacio que la luz, han tenido tiempo suficiente para recorrer la galaxia antes incluso de que naciera el primer ser humano. Aun así, nunca se ha visto nada que otra civilización pudiera haber dejado en el sistema solar. Tampoco se han detectado signos de tecnología en estrellas o planetas lejanos.

¿Estamos solos en el universo?

De acuerdo con todo lo que acabamos de decir, el físico italiano Enrico Fermi se preguntó cómo es posible que nunca se haya visto ni rastro de otra civilización. Como los hechos son contrarios a la lógica, este problema se bautizó como la paradoja de Fermi.

El astrónomo Frank Drake les puso números a estas ideas planteando una ecuación para estimar el número potencial de civilizaciones extraterrestres:

$$N = R^* fp \ ne \ fl \ fi \ fc \ L$$

Analizar la ecuación de Drake es muy sencillo:

- R^* (tasa de formación de estrellas): representa la cantidad de nuevas estrellas que se forman en nuestra galaxia cada año. Cuantas más estrellas nazcan, mayor será la probabilidad de que alguna de ellas tenga un sistema planetario apto para la vida. Drake consideró que se forman unas diez estrellas cada año.
- fp (frecuencia de planetas): indica la proporción de estrellas que tienen planetas en órbita a su alrededor. Según Drake al menos la mitad de las estrellas tienen planetas orbitando a su alrededor, pero hoy sabemos que la mayoría de los sistemas estelares cuentan con al menos un planeta.

- ne (número de planetas en la zona habitable): esta variable se refiere al número de planetas que se encuentran en la zona habitable de su estrella. Como ya vimos en el capítulo 2, aquí las condiciones podrían permitir la existencia de agua líquida, un elemento esencial para la vida tal como la conocemos. Drake estimó que podría haber dos planetas en la zona habitable.
- fl (frecuencia de vida): aquí se evalúa la probabilidad de que se desarrolle vida en un planeta con las condiciones adecuadas. Aunque a día de hoy no se sabe con certeza cómo se origina la vida, Drake supuso que todos los planetas con las condiciones adecuadas han albergado vida en algún momento de su historia. Como vimos en los capítulos 3 y 4, las futuras investigaciones de Marte y Venus darán información sobre si esto es factible o no.
- fi (frecuencia de inteligencia): suponiendo que haya vida en esos planetas, ¿qué porcentaje de ella desarrollaría formas de inteligencia? Esto es clave para que una civilización pueda comunicarse y hacerse detectable. Drake contó que solo uno de cada cien planetas albergaría vida inteligente.
- fc (frecuencia de comunicación): esta variable mide la probabilidad de que una sociedad inteligente decida comunicarse con señales que pudiéramos captar desde la Tierra porque no todas las civilizaciones

avanzadas emitirán señales detectables al espacio. Por ejemplo, la humanidad ha sido inteligente durante miles de años, pero las comunicaciones inalámbricas no se desarrollaron hasta hace poco más de ciento cincuenta años. Drake estimó que solo un 1 por ciento de las civilizaciones inteligentes tendrían capacidad de comunicarse.

- L (longevidad de las civilizaciones): por último, «L» representa el tiempo promedio que una civilización tecnológicamente avanzada es capaz de emitir señales antes de autodestruirse, extinguirse o abandonar las transmisiones. Drake supuso que una civilización puede estar unos diez mil años enviando señales antes de desaparecer.

Con todas estas especulaciones, la ecuación de Drake estima que hay unas diez civilizaciones detectables en nuestra galaxia, alimentando todavía más la paradoja de Fermi.

¿Por qué no las hemos visto?

La paradoja de Fermi puede abordarse desde varias soluciones posibles. En este capítulo vamos a ver una de las más populares, el gran filtro, y en el siguiente desarrollaremos en más profundidad otra alternativa, la hipótesis del zoo.

La hipótesis del gran filtro plantea que hay un momento crítico en la historia de toda civilización que, o bien impide que se desarrolle, o bien provoca su extinción. El filtro podrían ser eventos naturales como el impacto del asteroide que acabó con los dinosaurios, la baja probabilidad de que se den las condiciones para que surja la vida o riesgos creados por la propia civilización inteligente, como el desarrollo de armas de destrucción masiva.

El gran filtro podría darse tanto en el pasado como en el futuro. Como conocemos las catástrofes que ya han sucedido, podemos pensar que alguna de ellas fue un filtro del que ya nos habríamos salvado. Pero como no sabemos qué nos deparará el futuro, los filtros que puedan estar a la vuelta de la esquina son inciertos y preocupantes.

Gran filtro temprano

Esta hipótesis es la que da menos miedo porque implica que no hemos visto alienígenas simplemente porque es muy complicado que se desarrollen civilizaciones inteligentes. Los humanos habríamos llegado a ser lo que hoy somos porque nos ha tocado la lotería muchas veces seguidas. En cambio, otras civilizaciones podrían no haber tenido tanta suerte.

Todo el proceso desde el origen de la vida hasta la aparición de la primera especie inteligente, nosotros, ha tardado unos cuatro mil quinientos millones de años desde que se formó nuestro planeta. Que hayamos tardado tanto tiempo quiere decir que las probabilidades de que la vida evolucione de esta manera son muy bajas. Han tenido que pasar miles de millones de años para que confluyan todas estas casualidades y finalmente se desarrolle una especie inteligente. Por suerte, nos ha tocado a nosotros, ya que es bastante más divertido ser un humano que un liquen.

Si una sola de estas casualidades se hubiera dado de forma diferente es posible que nunca hubiéramos llegado a existir. Podrían ser las gotas de agua de mar que salpicaron sobre una colada de lava durante los primeros años de la Tierra o la propia extinción de los dinosaurios. Tal vez, si aquel asteroide que impactó sobre lo que hoy es la península de Yucatán hubiera esquivado nuestro planeta, hoy en día seríamos un primate más viviendo en la sabana.

Quizá en otros planetas estas casualidades nunca se han dado de la forma adecuada o han tardado demasiado en llegar. Es posible que para cuando les tocara ser inteligentes su planeta hubiera dejado de ser habitable, como dejará de serlo la Tierra dentro de miles de millones de años.

En resumen, según la hipótesis del gran filtro temprano, no hemos visto otras civilizaciones extraterrestres porque los humanos tenemos una flor en el culo.

Gran filtro tecnológico

Este filtro es algo más preocupante que el anterior porque implica que aquello que ha podido acabar con el resto de las civilizaciones extraterrestres nos podría estar esperando en el futuro, amenazando nuestra existencia.

Es innegable que el desarrollo científico y tecnológico es bueno para nosotros. En muchas zonas del planeta queda muchísimo por hacer, pero, en líneas generales, hoy en día se vive mucho mejor que en el pasado. La esperanza de vida ha subido gracias al desarrollo de la medicina y a las infraestructuras higiénicas como los váteres y las alcantarillas. Por ejemplo, recientemente se erradicó una enfermedad grave como la polio gracias a las vacunas.

Además de vivir más tiempo, también lo hacemos más cómodamente. Tenemos electrodomésticos, transportes e internet para conectarnos con el resto del mundo. Es obvio que el desarrollo científico y tecnológico mejora nuestra calidad de vida. Sin embargo, cuando los avances tecnológicos caen en manos de personas avariciosas, egoístas e irresponsables ponen a toda la humanidad en peligro. Por ejemplo, aunque hace años que la comunidad científica está avisando de que la quema de combustibles fósiles a gran escala tendrá graves consecuencias para toda la civilización, su uso no ha parado de crecer por el interés personal de unos pocos.

Por otra parte, el uso pacífico de la energía nuclear ha traído innumerables beneficios a nuestra sociedad; desde su uso en medicina hasta la producción de energía de bajas emisiones. En cambio, su uso bélico podría acarrear terribles consecuencias de acabar en las manos equivocadas.

La hipótesis del gran filtro tecnológico plantea que ninguna civilización es capaz de desarrollarse lo suficiente sin destruirse antes a sí misma. O sea, que no hemos visto ninguna civilización inteligente porque ninguna ha conseguido llegar al nivel de desarrollo tecnológico necesario como para hacerse visible al resto del universo o visitar estrellas lejanas. Antes de llegar a este punto, todas esas civilizaciones extraterrestres se habrían destruido a causa de su propia tecnología.

Esto no quiere decir que se hayan extinguido por completo. Basta con eliminar a una parte importante de la población para que la civilización colapse, producir un retraso de muchos años y nunca ser descubiertos por otra civilización.

¿Cuáles son los filtros futuros que tendrían que preocuparnos? Seguro que ya has pensado en el cambio climático o el riesgo permanente de destrucción total debido a la existencia de armas nucleares. Por supuesto, son las dos catástrofes potenciales que más deberían inquietarnos a corto plazo, pero lo bueno es que está en nuestras manos que nunca ocurran.

CONCLUSIÓN Y DEBATE

El universo es tan grande que parece lógico que pueda haber otras civilizaciones inteligentes aparte de nosotros. La ecuación de Drake plantea una manera simple de estimar el número de civilizaciones detectables de forma numérica, pero sus resultados no se pueden considerar científicos debido al enorme desconocimiento sobre muchos de sus parámetros. En función de las probabilidades que se asuman, se pueden obtener números muy diferentes. Cálculos hechos por diferentes científicos han resultado en valores tan dispares como una sola civilización o diez millones.

A pesar de lo que nos diga la lógica y la ecuación de Drake, nunca hemos visto ni rastro de una inteligencia extraterrestre. Esta es la paradoja de Fermi.

Una de las soluciones a esta paradoja es el gran filtro. Esta hipótesis plantea que hay un momento en la historia de toda civilización que impide que se desarrolle hasta el punto de poder contactar con otra.

Podría ser que este filtro estuviera en las primeras etapas del desarrollo de la vida, imposibilitando así la aparición de especies inteligentes.

El desarrollo tecnológico y los nuevos descubrimientos científicos arrojarán luz sobre el origen de la vida, la inteligencia y la habitabilidad de otros planetas. Toda esta nueva información acotará los parámetros de la ecuación de Drake para obtener resultados más precisos y aclarará cómo de difícil es que surja la vida en un planeta cuyas condiciones son apropiadas.

Si se encuentran restos de vida en Marte, en Venus o en las lunas de Júpiter y Saturno, querrá decir que la existencia de vida es algo normal en el universo y se podría descartar este primer filtro. Hasta entonces, es muy importante ir con cuidado y evitar caer en afirmaciones pseudocientíficas porque la falta de información sólida obliga a trabajar con un nivel de especulación muy alto.

Finalmente, una de las soluciones a la paradoja de Fermi que parece tener sentido es que, aunque existan otras civilizaciones inteligentes, ninguna de ellas ha sido capaz de llegar al nivel tecnológico necesario para contactar con otra sin antes destruirse a sí misma. Esta hipótesis es preocupante para la humanidad porque ahora estamos empezando a ver que el desarrollo tecnológico es un arma de doble filo: es innegable que mejora nuestras vidas, pero tecnologías como los combustibles fósiles y las armas nucleares pueden poner a nuestra civilización en serio riesgo.

Con todo lo que has leído en este capítulo, ya puedes reflexionar y debatir sobre si estamos solos en el universo y qué le puede deparar el futuro a la humanidad. Te planteo algunos temas interesantes para darle vueltas a la cabeza:

- ¿Te parece lógico que pueda haber otras civilizaciones inteligentes en el universo? ¿Cuántas crees que puede haber?
- ¿Piensas que la vida es algo común más allá de la Tierra? ¿Y las especies inteligentes?
- Aparte del cambio climático y una guerra nuclear, ¿se te ocurren otros filtros futuros que puedan amenazar a la civilización humana? Pueden ser tan aparentemente absurdos como las redes sociales. Una hipótesis sería que cada vez que una especie inteligente avanza lo suficiente como para crear una red social, acabe tan llena de odio que sus individuos terminan matándose entre ellos en unos pocos años.

13

La hipótesis del zoo

Según la ecuación de Drake, deberíamos estar rodeados de civilizaciones extraterrestres inteligentes. El universo es tan grande y hay tantas estrellas y planetas que es lógico pensar que puede haber muchos más mundos como el nuestro.

A pesar de que hay tantas potenciales civilizaciones alienígenas ahí fuera, nunca hemos contactado con nadie. Como vimos en el capítulo anterior, la paradoja de Fermi plantea una pregunta que hasta hoy no tiene solución. Una de las posibles soluciones a la paradoja de Fermi es que el resto de las inteligencias extraterrestres han acordado, simplemente, no contactar con la Tierra. Los extraterrestres saben que existimos, pero han decidido no interactuar con nosotros y apartar a nuestra civilización. Para ellos somos como animales en un zoo.

¿Por qué no quieren contactar con nosotros?

¿Qué razones podrían tener otras civilizaciones inteligentes para dejarnos fuera de su grupo de WhatsApp?

Puede ser que nos vean como algo primitivo y lo único que quieren es proteger la Tierra como una reserva natural. O quizá piensan que contactar con civilizaciones menos desarrolladas perjudica su propio desarrollo, como sentarse al lado del payaso de clase que hará que tus notas solo vayan a peor.

Más allá de los motivos, la hipótesis del zoo se basa en tres premisas elementales. Si una de ellas falla, la hipótesis se cae por completo.

Primera premisa: la vida no es una casualidad

Una de las ideas que se da como cierta y sirve de base para la hipótesis del zoo es que, si las condiciones son adecuadas para que la vida pueda existir y evolucionar, lo hará siempre. Esta premisa entiende la vida como una reacción química que siempre ocurre de la misma manera. Sería como prenderle fuego a un papel: con los materiales necesarios (un papel y una fuente de calor) bajo las condiciones adecuadas (una atmósfera con oxígeno) y durante el tiempo suficiente, el papel arderá siempre.

En caso de la vida, esto significaría que las condiciones

analizadas en el capítulo 2 siempre tendrán como resultado algún proceso biológico. O sea, si hay suficientes elementos básicos como el carbono, el hidrógeno, el oxígeno o el nitrógeno, con unas condiciones adecuadas de temperatura y presión dentro de una atmósfera que protege de la radiación, con el tiempo suficiente, la vida surgirá siempre.

A lo largo de este libro ya hemos visto que, aunque existan las condiciones necesarias, es posible que sea muy difícil que surja la vida y, por tanto, nuestra existencia sería una casualidad muy remota, fruto del puro azar. Esta cuestión se aclarará cuando entendamos cómo fue el pasado de Marte y Venus, cuando eran supuestamente habitables.

Si esta premisa es cierta y la aparición de la vida es como prenderle fuego a un papel, róvers como Perseverance descubrirán restos de seres vivos en Marte en los próximos años. Esto ayudará a la comunidad científica a entender dos de los mayores misterios de la humanidad: por qué estamos vivos en el planeta Tierra y si realmente estamos solos en el universo.

Segunda premisa: hay más planetas habitables

La hipótesis del zoo fue planteada por John Ball en 1973. Por aquel entonces, no se tenía certeza alguna de que pudiera haber otros planetas habitables más allá del sistema solar. En su artículo, Ball habla de la posibilidad de que solo una estrella de cada cien mil o hasta una de cada un millón tenga un planeta con una superficie adecuada para la vida. De hecho, la única estrella que sabían con seguridad que tiene planetas similares a la Tierra orbitando a su alrededor era el Sol.

El desconocimiento sobre lo que existía más allá de nuestro sistema solar era abrumador. Hoy en día sabemos que la mayoría de las estrellas de nuestra galaxia tienen planetas orbitando a nuestro alrededor y que más de la mitad de las que son similares a nuestro Sol podrían tener al menos un planeta habitable.

O sea, que podría haber tantos planetas habitables en la galaxia como personas viven hoy en día en la Tierra. Tal y como vimos en el capítulo 6, el telescopio espacial Kepler ha sido capaz de descubrir muchos de ellos. Todo esto no ha hecho más que reforzar la paradoja de Fermi porque, si encima de haber muchos planetas, sabemos que son habitables, ¿por qué no vemos a nadie?

Estos descubrimientos nos muestran cómo, en solo unos años, todo lo que sabemos puede cambiar por completo y dar lugar a nuevas hipótesis científicas que llevarán a nuevos descubrimientos.

La segunda premisa de la hipótesis del zoo es que la vida puede existir en muchos planetas de la galaxia. Hoy, los avances en exploración espacial y los continuos estudios sobre las condiciones de los mundos extrasolares muestran que las probabilidades de que esta premisa sea cierta son cada vez más altas.

Tercera premisa: no podemos ver al resto de extraterrestres

La tercera premisa sugiere que los extraterrestres son tan avanzados que los humanos seríamos completamente inconscientes de su existencia. Para darle forma a esta premisa hay que entender cuál es el nivel de desarrollo que ha de tener una forma de vida con respecto a otra para que, además de ejercer un control total sobre ella, este pase desapercibido.

Como ya vimos en el capítulo 8, es poco probable que nos encontremos con una civilización con el mismo nivel de desarrollo tecnológico que nosotros. Si algún día detectamos algo, será porque hemos avanzado mucho y hemos visitado un planeta que alberga una civilización como la humanidad actual o la que hubo en la Tierra hace miles de años. Por otra parte, también podríamos ser contactados por una civilización mucho más avanzada, como la que habrá en la Tierra dentro de miles de años. Si llegamos.

Aparte de la escala de Kardashev, podemos hacer una clasificación más simple de las civilizaciones en función de cómo ha sido su desarrollo tecnológico a lo largo de su historia:

- Nivel cero: el nivel más bajo es la extinción. Esta civilización ha sido víctima de un gran filtro, destruyéndose a sí misma con una guerra o provocando un cambio climático repentino en su planeta. También podrían haber sufrido una catástrofe externa, como una pandemia, la caída de un asteroide o una invasión alienígena.

- Nivel uno: el nivel máximo es el de una civilización que no ha parado de desarrollarse nunca y su progreso es constante. Ha sido capaz de gestionar su tecnología de forma sostenible sin dejarse engañar por los beneficios a corto plazo, encontrando un equilibrio entre los efectos adversos y el rendimiento a largo plazo.

- Nivel intermedio: una civilización se puede encontrar en diferentes situaciones intermedias. Por ejemplo, una extinción muy grande, pero no total. En este caso, los supervivientes podrían mantener la civilización, pero grandes infraestructuras que hoy damos por hecho que funcionan sin problemas, como la red eléctrica, las comunicaciones o el transporte de alimentos, habrían colapsado. Esto implica un grave retraso en el desarrollo tecnológico de la civilización y también en su grado en la escala de Kardashev.

Si analizamos lo que ha pasado con las antiguas civilizaciones que han vivido en la Tierra, veremos que todas han acabado destruidas, invadidas o absorbidas. Esto indica que una civilización con un nivel tecnológico bajo es difícil que perdure durante mucho tiempo. Por eso, para darle vida a la hipótesis del zoo nos fijaremos en aquellos que sí consiguieron pasar ese filtro. Las civilizaciones más avanzadas serían aquellas que controlan los planetas de su alrededor y, por tanto, capaces de aislar a la humanidad sin que nos diéramos cuenta.

Dicho de otra manera, el progreso tecnológico es la habilidad que tiene una civilización de controlar su entorno. Por ejemplo, con el nivel de desarrollo actual de la humanidad, tenemos efecto sobre prácticamente todos los seres vivos de la Tierra. Desde los elefantes hasta los virus, aunque alguno nos haya dado un buen susto. Aun así, no siempre ejercemos el poder que tenemos. A veces, apartamos áreas salvajes o reservas naturales para dejar que otras especies se desarrollen de acuerdo con su propia naturaleza, sin interactuar con los seres humanos. El zoo perfecto es aquel en que los animales que allí habitan no tienen ninguna interacción con las personas.

La tercera premisa de la hipótesis del zoo da una solución válida a la paradoja de Fermi. La manera de entender que en un universo tan grande nunca hayamos contactado con otra civilización es porque el resto de las civilizaciones han querido evitar el contacto con nosotros. Han apartado nuestro planeta y lo han reservado. Somos el zoo de la galaxia.

¿Cómo se han puesto de acuerdo?

Que la hipótesis del zoo sea cierta o no depende de la capacidad del resto de las civilizaciones alienígenas para ponerse de acuerdo entre ellas y establecer tratados dentro de su selecto «Club Galáctico».

La pregunta más evidente es cómo se comunican estas civilizaciones y cuáles son los procedimientos para entrar en el grupo de WhatsApp galáctico. Porque si surge una civilización que no está conectada con el resto podría llegar a contactar con la Tierra. Sería como ir paseando por la montaña y acabar dentro de una reserva natural porque no has visto las señales.

Esto fue objeto de una investigación que simulaba las civilizaciones inteligentes que podrían surgir en una zona de la galaxia. Se calcularon las propiedades de los grupos de civilizaciones culturalmente conectadas y se llegó a la conclusión de que, si la hipótesis del zoo es cierta, lo más probable es que no haya solo un grupo de WhatsApp galáctico, sino que habría varios grupos que siguen las mismas normas.

Así que más que WhatsApp, hablaríamos de un Reddit alienígena. La razón es que para que un solo club galáctico estableciera una hegemonía interestelar deberían cumplirse tres condiciones bastante difíciles: el número de civilizaciones debería ser muy grande, la vida media de cada civilización tendría que abarcar varios millones de años y el tiempo de llegada entre civilizaciones no podría ser mayor que unos pocos millones de años.

CONCLUSIÓN Y DEBATE

La hipótesis del zoo plantea que nunca encontraremos extraterrestres inteligentes porque ellos no quieren ser encontrados y tienen la tecnología necesaria para asegurarse de ello. Por tanto, la hipótesis del zoo podrá ser desmentida si en algún momento contactamos con otra civilización extraterrestre, pero nunca podrá ser demostrada. A menos que un extraterrestre rebelde se escape del Club Galáctico y contacte con la Tierra, siempre nos quedará la duda de si somos el zoo de la Vía Láctea, ya que los mejores zoológicos son aquellos en que los animales no saben que hay individuos más inteligentes cuidando de ellos.

Reflexionar y debatir sobre las diferentes civilizaciones humanas que han existido a lo largo de la historia de nuestro planeta es un ejercicio interesante. Te planteo algunos temas:

- ¿Crees que es posible que varias civilizaciones inteligentes se hayan puesto de acuerdo para aislar a la humanidad? ¿Y si hubiera una única civilización más avanzada que nosotros?
- ¿Te parece que podemos extrapolar lo que ha pasado con las civilizaciones humanas pasadas para suponer cómo podrían ser las civilizaciones extraterrestres inteligentes?
- Si la hipótesis del zoo fuera cierta, ¿piensas que es posible que algún día nos demos cuenta de que estamos aislados? Por otra parte, ¿crees que nos dejarían salir del zoo en el momento en que alcanzáramos un nivel de desarrollo tecnológico suficiente?
- En caso de ser cierta esta hipótesis, ¿el resto de las civilizaciones nos dejaría la libertad de desarrollarnos a nuestra manera o interactuarían con nosotros en forma de catástrofes naturales o grandes eventos «divinos» para controlar nuestro progreso?

Epílogo

Las afirmaciones extraordinarias requieren evidencias extraordinarias, y el descubrimiento de que existe vida en otro lugar del universo sería ciertamente extraordinario.

Carl Sagan

En este libro hemos visto cómo la búsqueda de vida extraterrestre es una disciplina en la que trabajan miles de investigadores y científicos de todo el mundo. También hemos analizado algunos de los resultados que se han conseguido hasta ahora. Hemos recorrido el camino de alguien que se pregunta si estamos solos en el universo, yendo desde el origen de la vida en la Tierra, a la investigación de la posible habitabilidad de varios cuerpos del sistema solar, hasta la búsqueda de civilizaciones inteligentes, pasando por un análisis del fenómeno ovni.

Por más que me gustaría decir lo contrario, hoy en día no existe ninguna prueba que confirme la existencia de vida extraterrestre, pero con lo que hemos aprendido en estas páginas podemos elaborar nuestras propias hipótesis conforme a la actual evidencia científica.

Esto es lo que yo respondería a la pregunta de si estamos solos en el universo, que a su vez es una manera de solucionar la paradoja de Fermi. Esta es mi opinión personal basada en todo lo que he aprendido a lo largo de los años, así que puede ser que no esté ni siquiera cerca de la verdad. Siéntete libre de discrepar y de hacer tus propias reflexiones, manteniéndote siempre lejos de las creencias conspiranoicas.

El gran filtro temprano

La principal incógnita es que no sabemos cómo de probable es que la vida compleja se forme en otro planeta. El hecho de que sucediera en la Tierra solo nos confirma que la posibilidad es real, pero no sabemos si esto sucede en uno de cada millón de planetas o en uno de cada trillón. Este número es clave porque marca la diferencia entre que no haya ni rastro de vida en el resto de los planetas de la galaxia, o que pueda existir en prácticamente cada sistema solar.

Yo pienso que el hecho de que se origine vida en un

planeta es raro. Que el salto de formas de vida simples a formas de vida más complejas también es raro. Y, finalmente, que se dé un tipo de vida consciente e inteligente a partir de las formas de vida compleja también es raro. Aunque esta sucesión de casualidades sea tan poco probable, pensar que existe vida inteligente no es descabellado si el número de planetas habitables en nuestra galaxia es lo suficientemente grande. De todas maneras, esto será una incógnita hasta que podamos cuantificar esta rareza, ya que el número de planetas podría no ser suficiente para compensar unas probabilidades extremadamente bajas. Esto sería un gran filtro temprano que ha evitado que surjan otras civilizaciones en otros planetas.

Las distancias son demasiado grandes

Creo que el universo es lo suficientemente inmenso como para asumir que estas casualidades se han podido dar en otros planetas aparte de la Tierra y varias civilizaciones han conseguido superar el gran filtro temprano. De todas maneras, aunque la vida fuera abundante en nuestra propia galaxia, la Vía Láctea, las distancias espaciales y temporales son tan grandes que es posible que nadie se encuentre con nadie jamás, ya sea porque están a unos pocos miles de años luz de distancia o porque no han coincidido en el tiempo por unos pocos miles de años.

La humanidad es muy joven

Otro de los motivos por los cuales es posible que no hayamos visto rastro de vida extraterrestre es porque, en términos relativos, hemos estado muy poco tiempo buscando y lo hemos hecho con una tecnología muy limitada. No podríamos detectar una nave espacial en el sistema solar más cercano ni aunque hubiera miles de ellas. Para que te hagas una idea, es bastante habitual que asteroides de buen tamaño pasen cerca de la Tierra y no los detectemos hasta que están prácticamente al lado. Por eso, en caso de existir inteligencia extraterrestre, no me extraña que no los hayamos visto.

Por otra parte, el hecho de que la Tierra sea un planeta joven implica que otras posibles civilizaciones extraterrestres han tenido millones de años para desarrollarse y expandirse por la galaxia, creando megaestructuras y visitando otros planetas. Si una civilización inteligente hipotética hubiera surgido en otro lugar de la Vía Láctea hace diez millones de años, por ejemplo, habría podido colonizar o explorar toda la galaxia en dos millones de años, asumiendo que puede viajar al 5 por ciento de la velocidad de la luz. Esto es un abrir y cerrar de ojos en escala astronómica.

Este tipo de megaestructuras sí que podrían ser detectadas desde la Tierra con la tecnología actual, pero hasta el momento no ha sido así. No hay esferas de Dyson en otras estrellas ni restos de industrialización abandonada o minería en nuestro sistema solar. Todo se ve perfectamente salvaje y natural.

El gran filtro tecnológico

En este caso, sí que me parece raro no haber visto nunca un mínimo indicio de la existencia de una civilización de Tipo II o Tipo III, puesto que asumo que cualquier forma de vida tiene la característica inherente de multiplicarse y propagarse, ya que sin este impulso instintivo cualquier especie se extinguiría en poco tiempo. También asumo que todo tipo de vida inteligente se mueve por la curiosidad de explorar lo desconocido, por hostil que parezca. A pesar de que es natural evitar entornos hostiles, y el espacio lo es en grado sumo, la humanidad se ha expandido por todo el planeta Tierra sin importar sus condiciones, habitando desde los desiertos hasta los polos y, en breve, también la Luna. Por tanto, creo que cualquier civilización inteligente que haya tenido el tiempo suficiente para desarrollarse tecnológicamente habrá emprendido un viaje hacia el espacio, explorando primero su sistema solar y después la galaxia.

Que no hayamos visto pruebas de la existencia de civilizaciones avanzadas nos indica que, aunque una civilización consiga superar el gran filtro temprano, las probabilidades de que sobreviva a su adolescencia tecnológica durante el tiempo suficiente para expandirse por el espacio son bajas. Este es el caso de la humanidad ahora mismo. ¿Conseguiremos superar el gran filtro tecnológico? ¿Será ahí donde el resto de las civilizaciones han detenido su progreso?

El gran filtro tecnológico explicaría por qué, aunque puedan existir varias civilizaciones inteligentes en nuestra galaxia, no han conseguido el desarrollo tecnológico necesario para ser detectadas desde otras estrellas (Tipo II o más en la escala de Kardashev). Podría ser que ninguna civilización sea capaz de desarrollarse lo suficiente sin destruirse antes a sí misma. En este caso, la humanidad debe tener cuidado con el cambio climático y las armas nucleares en el futuro cercano.

Por otra parte, es posible que el gran filtro tecnológico se produzca de una manera no tan catastrófica. ¿Y si el desarrollo industrial no es común dentro de las civilizaciones inteligentes? En este caso, la humanidad podría ser una de las civilizaciones más avanzadas del universo.

El desarrollo industrial no es trivial

La vida en la Tierra tiene unos tres mil quinientos millones de años y las primeras especies humanas surgieron hace poco más de dos millones de años. Conseguimos controlar el fuego hace cuatrocientos mil años y hemos usado la agricultura durante algo más de diez mil años. Salimos al espacio hace menos de cien años, y resulta que es enorme, vacío y difícil de explorar, incluso dentro de nuestro propio sistema solar.

Ahora estamos en el punto en que la mayoría de las fuentes de combustibles fósiles fáciles de extraer ya han sido explotadas y estos están cerca de agotarse. La tecnología moderna depende de una sociedad globalizada porque ningún país del mundo es totalmente autosuficiente en todas las materias primas necesarias. Por tanto, en caso de que la civilización colapsara a causa de una catástrofe como una tercera guerra mundial, recuperar el nivel tecnológico actual sería una tarea ardua y compleja, puesto que el progreso de los últimos doscientos años ha sido alimentado por los combustibles fósiles.

Los combustibles fósiles se tendrían que haber limitado en el momento en que la comunidad científica avisó de que su uso a gran escala iba a ser catastrófico. Esto es muy fácil de decir y no tanto de llevar a cabo, pero en líneas generales se debería haber incentivado el desarrollo tecnológico mediante nuevas fuentes de energía limpia, como las renovables o la nuclear, para ir haciendo una transición energética suave a lo largo de los años. En cambio, lo que se ha hecho ha sido explotar los combustibles fósiles hasta prácticamente su agotamiento mientras empezamos a sufrir las primeras consecuencias del cambio climático.

Lo inteligente hubiera sido reservar fuentes de combustibles fósiles de fácil acceso para que, en caso de necesidad urgente y a pequeña escala, su extracción sea posible en el futuro. Porque un percance podría devolvernos a la época de la Revolución industrial, pero sin vuelta atrás porque ya no dispondremos de los recursos que en su momento nos permitieron construir la tecnología actual.

Los combustibles fósiles existen porque las bacterias que descomponen plantas aparecieron mucho después que las propias plantas. Esto permitió que, durante mucho tiempo, estas absorbieran el carbono de la atmósfera y al morir se acumularan para finalmente convertirse en carbón y petróleo. El carbono que liberan los combustibles fósiles al quemarse hoy en día es el mismo que absorbieron de la atmósfera aquellas plantas primitivas.

Si ese retraso en la evolución de las bacterias no hubiera ocurrido, simplemente hubieran descompuesto las plantas, los combustibles fósiles no hubieran alimentado la Revolución industrial y la sociedad actual sería muy diferente. ¿Sería mejor o peor? ¿Es posible que otras civilizaciones no se desarrollen tan rápido (o ni siquiera lleguen a desarrollarse) porque no tienen una fuente de energía tan accesible y fácil de explotar como los combustibles fósiles?

A pesar de contribuir al calentamiento del planeta, es indudable que los combustibles fósiles han desempeñado un papel fundamental en el desarrollo de la sociedad moderna y han supuesto grandes beneficios para la humanidad. La ventaja principal del carbón es que durante muchos años pudo ser extraído con el trabajo físico de los mineros. O sea, que la energía del propio cuerpo humano servía para, indirectamente, mover un tren o producir electricidad. Esta ventaja también la tiene la madera, pero el carbón es mucho más eficiente al quemarse.

El avance tecnológico ha provocado que para generar energía nueva necesitamos generar un poco de energía previa, ya sea construyendo reactores nucleares o placas solares. Por tanto, si el posible colapso de la civilización humana retrasa el desarrollo tecnológico en un par de siglos ante la ausencia de combustibles fósiles sería, sin duda, un problema importante. No obstante, creo que no todo estaría perdido y que la humanidad seguirá prosperando. Quizá no recuperará el nivel tecnológico tan rápido como podría hacerlo con el uso del carbón, pero confío en que lo hará.

Una de las fuentes de energía que menos ha aprovechado la humanidad a lo largo de su historia es el hidrógeno, el combustible de muchos cohetes espaciales que al quemarse libera vapor de agua. El hidrógeno se puede obtener fácilmente a partir del agua aplicando una corriente eléctrica en un proceso llamado electrólisis. Esto separa los dos componentes del agua (H_2O): hidrógeno y oxígeno. De primeras, se trata de una desventaja porque para hacer la electrólisis hace falta electricidad (generando energía previa), pero antes de la Revolución industrial la humanidad ya usaba fuentes de energía renovable, como los molinos de viento o de agua. Además, siempre se podría recurrir a la madera.

Albergo tanta confianza en la capacidad de adaptación del ser humano que estoy seguro de que se usaría cualquier fuente de energía al alcance, aunque fuera menos eficiente que quemar carbón, para hacer la electrólisis, extraer hidrógeno del agua, usarlo como combustible e ir escalando el proceso hasta llegar a una renovada revolución industrial libre de combustibles fósiles.

Por suerte, esta no es una oportunidad perdida, ya que hoy en día tenemos suficientes fuentes de energía como para basar el futuro tecnológico de la humanidad en diferentes tipos de energía sostenibles, como las renovables, la nuclear o el hidrógeno.

En resumen, pienso que la ausencia de combustibles fósiles ha podido retrasar el desarrollo tecnológico de otras civilizaciones extraterrestres, lo que ha supuesto una ventaja muy significativa para la humanidad, pero creo que toda civilización inteligente sería capaz de desarrollarse con los recursos que tenga a su alcance.

¿Estamos solos en el universo?

A pesar de que sea muy raro que exista vida inteligente en un planeta, pienso que el universo es lo suficientemente grande para que estas casualidades se hayan podido dar en muchos otros sitios aparte de la Tierra.

No me extraña que no hayamos visto civilizaciones inteligentes con un desarrollo tecnológico similar al nuestro o menor porque las distancias son demasiado grandes, nuestra tecnología es muy limitada y llevamos muy poco tiempo buscando.

Sí que podríamos haber visto indicios de la existencia de una civilización de Tipo II o Tipo III. Por eso, creo que, o bien nunca han existido, sucumbiendo a un gran filtro tecnológico, o bien no quieren que los veamos, tal y como plantea la hipótesis del zoo.

El universo es como un océano en el que cada planeta es una pequeña isla. La mayoría de ellas están desiertas, pero hay tantas que es muy posible que algunas estén habitadas por seres inteligentes. La humanidad ha vivido durante miles de años en una de estas islas y ha evolucionado lo suficiente como para construir pequeñas barquitas capaces de navegar por el océano sin alejarse demasiado de la costa, principalmente dando vueltas a la isla. Algunas, incluso, se han alejado para visitar islas cercanas que están desiertas.

El resto de las islas están tan lejos que habría que navegar durante décadas, siglos o incluso milenios para llegar a ellas y comprobar si están habitadas. Así que, mientras eso no ocurra estaremos solos en este vasto océano. Por el mismo motivo, creo que el resto de posibles civilizaciones también estarán solas, a menos que se haya dado la rarísima casualidad de que haya una isla muy cercana que también esté habitada.

En definitiva, pienso que sí estamos solos en el universo. Creo que sí existe vida extraterrestre inteligente, pero también están solos.

Y tú, ¿qué piensas?

En las últimas páginas del libro, en la bibliografía, he incluido las referencias a los artículos científicos que he consultado para demostrar que todo lo que explico está basado en las investigaciones de profesionales que han seguido el método científico para probar sus hipótesis. Todo el que quiera puede acceder a ellos, si bien son textos muy específicos y técnicos y orientados a la propia comunidad científica. Por eso, te voy a recomendar algunos documentales sobre exploración espacial y el universo en general por si quieres ir un poco más allá. Aunque algunos no estén particularmente centrados en la búsqueda de vida extraterrestre, todos ofrecen una perspectiva muy sobrecogedora sobre lo grande que es el cosmos y lo que implica visitar otros cuerpos celestes.

1. Cosmos (de Carl Sagan y Neil deGrasse Tyson): esta legendaria serie de documentales es un viaje a

través del espacio y el tiempo que explora los misterios del universo y la vida en otros planetas. Tanto la versión original de Carl Sagan como la versión más reciente presentada por Neil deGrasse Tyson ofrecen una visión inspiradora de la astronomía y la exploración espacial.

2. *Apolo 11* (película documental de 2019): este documental con material de archivo restaurado nos sumerge en la misión histórica que llevó al primer aterrizaje humano en la Luna. Nos regala una mirada fascinante a los eventos que rodearon el viaje del Apolo 11, con imágenes de la misión nunca vistas antes.

3. *The Farthest* (2017): este documental narra la historia de las sondas Voyager de la NASA lanzadas en 1977 para explorar el sistema solar exterior. A través de entrevistas con científicos y gráficos de escándalo, el documental muestra los logros y descubrimientos de estas sondas, que continúan viajando hacia el espacio interestelar.

4. Wonders of (Brian Cox): en esta serie, el astrofísico Brian Cox nos guía a través de una exploración apasionante del universo. Desde la formación de las estrellas hasta la búsqueda de planetas habitables, Cox presenta conceptos científicos complejos de manera muy sencilla y cautivadora.

5. *Timelapse of the Future* (Melodysheep): este cor-

— 238 —

tometraje publicado en YouTube es una obra maestra de la visualización científica que utiliza narración y música para llevarte en un viaje a través del tiempo futuro del universo. Ofrece una perspectiva única sobre el destino del cosmos y cómo evolucionará con el tiempo.

6. *The Search for Life in Space* (2016): este documental habla sobre la búsqueda de vida en el universo, centrándose en la exploración de exoplanetas y lunas dentro y fuera de nuestro sistema solar. Ofrece una visión general de los esfuerzos científicos para detectar signos de vida en lugares remotos del cosmos.

7. Alien Worlds (2020): esta serie de documentales se basa en la ciencia y la especulación para imaginar cómo podría ser la vida en otros planetas. A través de recreaciones visuales muy bien trabajadas y expertos en astrobiología, nos acerca una perspectiva emocionante sobre la posibilidad de vida extraterrestre.

Por supuesto, también puedes seguirme en mis redes sociales, donde divulgo bajo el nombre de Fuga Astronáutica (@fugastronautica) sobre todo lo relacionado con la exploración espacial. Así que, si este libro se te ha quedado corto, ¡ya sabes dónde encontrarme!

Agradecimientos

El campo de la exploración espacial es casi tan amplio como el propio universo y, aunque siempre he tenido mis temas favoritos, cuando se me presentó la oportunidad de escribir este libro necesité el consejo de familiares y amigos para enfocar las primeras ideas. Por todo esto, doy las gracias a mi pareja, mis padres, mi hermana, mis abuelos, mis tíos, mis primos, mi suegra, mis perros, mis gatos y a los amigos que han colaborado en idear este libro. Todos ellos han estado muy presentes mientras el proyecto se iba desarrollando, interesándose por el progreso, planteando preguntas y aguantando mis turras marcianas.

Escribir un libro supone un montón de horas de trabajo que se hacen mucho más amenas con el apoyo de todas las personas que he mencionado más arriba. Guardo muy buen recuerdo de este trabajo porque la necesidad de tener que escribir a todas horas no me ha impedido irme de vacaciones con mi familia a León, como cada año, y aprovechar cualquier rato libre para sacar el ordenador y escribir un poco más, ya fuera a la hora de la siesta, con las noticias de fondo mientras todo el mundo dormía, como en el asiento de copiloto del coche mientras viajábamos por la autopista.

Por último, quiero hacer una mención especial a mi pareja, Cristina, porque ha sido fundamental para el éxito de este proyecto editorial. Ella me ha apoyado en todo momento, proponiendo ideas y formas alternativas de explicar conceptos complejos, revisando cada uno de los borradores y cuidando de mí.

Créditos de las ilustraciones

Figura 1. Experimento de Miller y Urey. © YassineMrabet. Traducido al español por Alejandro Porto, fuente: Wikimedia Commons.

Figura 2. En las muestras del asteroide Ryugu, traídas a la Tierra por la misión Hayabusa2 de la Agencia Espacial Japonesa (JAXA), se han encontrado varias moléculas orgánicas como aminoácidos. © Yada, T., Abe, M., Okada, T. et al., fuente: Wikimedia Commons.

Figura 3. La zona habitable es la región alrededor de una estrella donde la temperatura del planeta permitiría la presencia de agua líquida. Venus, la Tierra y Marte son los tres únicos planetas que están en la zona habitable del Sol. © Ph03nix1986, fuente: Wikimedia Commons.

Figura 4. La inclinación del eje de la Tierra provoca que las condiciones climáticas varíen a medida que nuestro planeta gira alrededor del Sol. Cuando un hemisferio apunta al Sol es verano, mientras que en el otro es invierno porque apunta hacia el espacio profundo. © Yearofthedragon, fuente: Wikimedia Commons.

Figura 5. Mapa de Marte dibujado por el astrónomo italiano

Giovanni Schiaparelli. A las regiones oscuras las llamó «canales». Se pensaba que habían sido construidos por seres inteligentes para llevar el agua desde los casquetes polares hasta las regiones desérticas del planeta rojo. © Meyers Konversations-Lexikon (German encyclopaedia), 1888, fuente: Wikimedia Commons.

Figura 6. Cráteres marcianos vistos desde la sonda Mariner 4. Imagen de la NASA/JPL, fuente: Wikimedia Commons.

Figura 7. Vehículo de ascenso llevando las muestras de la superficie marciana tomadas por el róver Perseverance de vuelta al espacio. Imagen de la NASA/JPL, fuente: Wikimedia Commons.

Figura 8. Los planetas terrestres a escala, ordenados del más cercano al más lejano con respecto al Sol. De izquierda a derecha: Mercurio, Venus, La Tierra y Marte. Imagen de Mercurio: Imagen de la NASA/JHUAPL, imagen de Venus: Imagen de la NASA/Johns Hopkins University Applied Physics Laboratory/Carnegie Institution of Washington, imagen de la Tierra: Imagen de la NASA/Tripulación del Apolo 17, imagen de Marte: ESA/MPS/ UPD/LAM/IAA/.

Figura 9. Un tardígrado, también llamado oso de agua, visto a través de un microscopio electrónico de barrido. Es un microorganismo extremófilo capaz de sobrevivir en el vacío del espacio, a presiones altísimas y en un rango de temperaturas desde casi el cero absoluto hasta 150 °C. © Schokraie E, Warnken U, Hotz-Wagenblatt A, Grohme MA, Hengherr S, et al. (2012), fuente: Wikimedia Commons.

Figura 10. Trabajadores de la NASA verificando el funcionamiento de uno de los instrumentos de la nave Cassini, que tiene una altura de 6,8 metros. Fuente: Wikimedia Commons.

Figura 11. Polo sur de Encélado, una de las lunas de Saturno. La imagen fue tomada por la sonda Cassini el 14 de julio de 2005. Abajo se ven las llamadas «rayas de tigre», donde se originan los géiseres. Imagen de la NASA/JPL/Space Science Institute, fuente: Wikimedia Commons.

Figura 12. Géiser saliendo del polo sur de Encélado. Imagen tomada por la sonda Cassini en 2005. Imagen de la NASA/JPL/Space Science Institute, fuente: Wikimedia Commons.

Figura 13. Imagen coronográfica de la estrella AB Pictoris que muestra un compañero (abajo, a la izquierda), que podría ser una enana marrón o un planeta masivo. Los datos se obtuvieron el 16 de marzo de 2003 utilizando una máscara de ocultación sobre AB Pictoris. © ESO, fuente: Wikimedia Commons.

Figura 14. Representación artística de 'Oumuamua. Su forma alargada, nunca vista antes en un asteroide, es uno de los motivos que sugieren que puede ser una nave extraterrestre. © Original: ESO/M. Kornmesser. Representación artística: nagualdesign (de una versión anterior de Tomruen) (c.f. Masiero (27 de octubre y 2 de noviembre de 2017) [10]; Meech et al. (20 de noviembre de 2017) [11], fuente: Wikimedia Commons.

Figura 15. Al contrario que las órbitas elípticas y cerradas de los planetas alrededor del Sol, la trayectoria hiperbólica de 'Oumuamua (2017 U1) es una de las pruebas de que es un objeto que escapó de la gravedad de otra estrella e hizo una visita fugaz por nuestro sistema solar. Imagen de la NASA, imagen de dominio público, fuente: Wikimedia Commons.

Figura 16. Radiotelescopio de Arecibo (Puerto Rico). © Mariordo (Mario Roberto Durán Ortiz), fuente: Wikimedia Commons.

Figura 17. Además de proteger a los discos, la cubierta de los Voyager Golden Records tiene instrucciones para que, en caso de ser encontrados por una civilización extraterrestre, puedan reproducir los sonidos y ver las imágenes grabadas. Contienen saludos en sesenta idiomas, muestras de música de diferentes culturas y épocas, y sonidos naturales y artificiales de la Tierra. También contienen información electrónica que una civilización tecnológicamente avanzada podría convertir en diagramas y fotografías. Imagen de la NASA/JPL, imagen de dominio público, fuente: Wikimedia Commons.

Figura 18. Introducción a las operaciones matemáticas en un mensaje de los IRM Cosmic Calls. El código de la izquierda, pensado para que lo entiendan los posibles receptores extraterrestres, corresponde a las operaciones de la derecha.

Figura 19. La Organización de las Naciones Unidas (ONU) es el máximo responsable en caso de que haya un contacto extraterrestre. La información debería mantenerse en secreto y, una vez verificada, habría que contactar con el secretario general de la ONU. Imagen de dominio público, fuente: Wikimedia Commons.

Figura 20. Escafandra estratonáutica diseñada en 1935 por el ingeniero español Emilio Herrera para hacer viajes en globo hasta la estratosfera. Los trajes de los prisioneros de guerra japoneses a bordo de los globos del proyecto Mogul seguramente fueran muy parecidos, haciendo pensar a quienes vieron los restos del accidente de Roswell que eran cuerpos de extraterrestres. © Nationaal Archief, fuente: Wikimedia Commons.

Figura 21. Varias formas de ovnis según sus observadores. © The National Archives UK, fuente: Wikimedia Commons.

Figura 22. Nube lenticular comúnmente reportada como ovni por su peculiar forma. Fuente: Wikimedia Commons.

Bibliografía

ALCUBIERRE, M., «The warp drive: hyper-fast travel within general relativity», *Classical and Quantum Gravity* (1994), n.º 11 (5), L73.

ANTONIADI, E. M, *La Planète Mars*, Gauthier-Villars, 1930.

ARMSTRONG, S. y A. SANDBERG, «Eternity in six hours: Intergalactic spreading of intelligent life and sharpening the Fermi paradox», *Acta Astronautica* (2013), n.º 89, pp. 1-13.

BALL, J. A., «The zoo hypothesis», *Icarus* (1973), n.º 19 (3), pp. 347-349.

BANNISTER, M. T., A. BHANDARE, P. A. DYBCZYŃSKI, A. FITZSIMMONS, A. GUILBERT-LEPOUTRE, R. JEDICKE, Q. YE, Q., «The natural history of 'Oumuamua», *Nature astronomy* (2019), n.º 3 (7), pp. 594-602.

BORUCKI, W. J., «KEPLER Mission: development and overview», *Reports on Progress in Physics* (2016), n.º 79 (3), 036901.

BURCHELL, M. J., «W(h)ither the Drake equation?», *International Journal of Astrobiology* (2006), n.º 5 (3), pp. 243-250.

CENTER, I., «The Arecibo Message of November, 1974», *Icarus* (1975), n.º 26 (4), pp. 462-466.

— 247 —

CHYBA, C. F. y G. D. MCDONALD, «The origin of life in the solar system: current issues», *Annual Review of Earth and Planetary Sciences* (1995), n.º 23 (1), pp. 215-249.

COCKELL, C.S., *et al.*, «The search for life on Mars: What we learned from Viking and Pathfinder and what we need to know for future missions», *Astrobiology* (2016), n.º 16 (12), pp. 941-972.

DRAKE, F. D., «Project ozma», *Physics Today* (1961), n.º 14 (4), pp. 40-46.

DUMAS, S., «The 1999 and 2003 messages explained», *IRM Cosmic Calls* (2003), <https://www.plover.com/misc/Dumas-Dutil/messages.pdf>.

DYSON, F. J., «Search for artificial stellar sources of infrared radiation», *Science* (1960), n.º 131 (3414), pp. 1667-1668.

FARLEY, K. A., K. H. WILLIFORD, K. M. STACK, R. BHARTIA, A. CHEN, M. de la TORRE, R. C. WIENS, «Mars 2020 mission overview», *Space Science Reviews* (2020), n.º 216, pp. 1-41.

FORGAN, D. H., «The Galactic Club or Galactic Cliques? Exploring the limits of interstellar hegemony and the Zoo Hypothesis», *International Journal of Astrobiology* (2017), n.º 16 (4), pp. 349-354.

FREUDENTHAL, H. L., «Design of a language for cosmic intercourse. Part I», *Studies in logic and the foundations of mathematics*, North-Holland Publishing Company, Ámsterdam, 1960.

GLADE, N., P. BALLET y O. BASTIEN, «A stochastic process approach of the Drake equation parameters», *International Journal of Astrobiology* (2012), n.º 11 (2), pp. 103-108.

GREAVES, J. S., A. RICHARDS, W. BAINS, P. B. RIMMER, H. SAGAWA, D. L.,CLEMENTS y J. HOGE, «Phosphine gas in the cloud decks of Venus», *Nature Astronomy* (2021), 5 (7), pp. 655-664.

HALLSWORTH, J. E., T. KOOP, T. D. DALLAS, M. P. ZORZANO, J. BURKHARDT, O. V. GOLYSHINA y C. P. MCKAY, «Water activity in Venus's uninhabitable clouds and other planetary atmospheres», *Nature Astronomy* (2021), n.° 5 (7), pp. 665-675.

HANSEN, C. J., L. ESPOSITO, A. I. F. STEWART, J. COLWELL, A. HENDRIX, W. PRYOR y R. WEST, «Enceladus' water vapor plume», *Science* (2006), n.° 311 (5766), pp. 1422-1425.

HARP, G. R., J. RICHARDS, P. JENNISKENS, S. SHOSTAK, y J. C. TARTER, «Radio SETI observations of the interstellar object 'Oumuamua», *Acta Astronautica* (2019), n.° 155, pp. 51-54.

HATFIELD, P. y L. TRUEBLOOD, «SETI and Democracy», *Acta Astronautica* (2021), n.° 180, pp. 596-603.

JAISWAL, J., C. LOSCHIAVO y D. C. PERLMAN, «Disinformation, misinformation and inequality-driven mistrust in the time of COVID-19: lessons unlearned from AIDS denialism», *AIDS and Behavior* (2020), n.° 24, pp. 2776-2780.

JÖNSSON, K. I., E. RABBOW, R. O. SCHILL, M. HARMS-RINGDAHL y P. RETTBERG, «Tardigrades survive exposure to space in low Earth orbit», *Current biology* (2008), 18 (17), R729-R731.

KARDASHEV, N. S., «Transmission of Information by Extraterrestrial Civilizations», *Soviet Astronomy* (1964), vol. 8, p. 217, 8, 217.

KASTING, J. F., «Habitable Zones around Main Sequence Stars», *Exoplanets*, University of Arizona Press, 2014.

KAULA, W. M., «Venus: A contrast in evolution to Earth», *Science* (1990), n.° 247 (4947), pp. 1191-1196.

LAMMER, H., *et al.*, «What makes a planet habitable?», *The Astronomy and Astrophysics Review* (2009), n.° 17 (2), pp. 181-249.

LOEB, A., «On the possibility of an artificial origin for 'Oumuamua», *Astrobiology* (2022), n.º 22 (12), pp. 1392-1399.

MCSPADDEN, J. O. y J. C. MANKINS, «Space solar power programs and microwave wireless power transmission technology», *IEEE microwave magazine* (2002), n.º 3 (4), pp. 46-57.

NARAOKA, H., Y. TAKANO, J. P. DWORKIN, Y. OBA, K. HAMASE, A. FURUSHO e Y. TSUDA, «Soluble organic molecules in samples of the carbonaceous asteroid (162173) Ryugu», *Science* (2023), n.º 379 (6634), eabn9033.

NASA (10 de noviembre de 2020). *Why do we search for life.* Exoplanet exploration. <https://exoplanets.nasa.gov/search-for-life/why-we-search/>.

— (13 de abril de 2022). *What is an Exoplanet?* Exoplanet exploration. <https://exoplanets.nasa.gov/what-is-an-exoplanet/in-depth/>.

— *Heterodyne Instrument for Planetary Wind and Composition (HIPWAC)*, Solar System Exploration Division, Goddard Space Flight Center. <https://ssed.gsfc.nasa.gov/hipwac/howitworks.html>.

— (26 de junio de 2023). *Venus exploration*, Solar System Exploration. <https://solarsystem.nasa.gov/planets/venus/exploration/>.

— (26 de marzo de 2023). *Venus overview*, Solar System Exploration. <https://solarsystem.nasa.gov/planets/venus/overview/>.

NASA's Jet Propulsion Laboratory Earth Science Communications Team (3 de agosto de 2021). *Earth's Magnetosphere: Protecting Our Planet from Harmful Space Energy.* Global climate change. [Accedido el 3 de mayo de 2023]. <https://climate.nasa.gov/news/3105/earths-magnetosphere-protecting-our-planet-from-harmful-space-energy/>.

NEWSOM, H. E., y S. ROSS TAYLOR, «Geochemical implications of the formation of the Moon by a single giant impact», *Nature* (1989), n.º 338 (6210), pp. 29-34.

NICKERSON, R. S., «The vividness of visual imagery and perceptual sensitivity to visual pattern», *Journal of Applied Psychology* (1965), n.º 49 (6), pp. 467-474.

ORÓ, J., S. L. MILLER y A. LAZCANO, «The origin and early evolution of life on Earth», *Annual Review of Earth and Planetary Sciences* (1990), n.º 18 (1), pp. 317-356.

PATTERSON, C., «Age of meteorites and the Earth», *Geochimica et Cosmochimica Acta* (1956), n.º 10 (4), pp. 230-237.

PHILLIPS, C. B. y R. T. PAPPALARDO, «Europa Clipper mission concept: Exploring Jupiter's ocean moon», *Eos, Transactions American Geophysical Union* (2014), n.º 95 (20), pp. 165-167.

POPLI, N., «Witness Tells Congress "Nonhuman Biologics" Were Found at Alleged UFO Crash Sites», *Time* (26 de julio de 2023), <https://time.com/6298287/congress-ufo-hearing/>.

POSTBERG, F., Y. SEKINE, F. KLENNER, C. R. GLEIN, Z. ZOU, B. ABEL y S. TAN, «Detection of phosphates originating from Enceladus's ocean», *Nature* (2023), n.º 618 (7965), pp. 489-493.

REH, K., L. SPILKER, J. I. LUNINE, J. H. WAITE, M. L. CABLE, F. POSTBERG y K. CLARK, «Enceladus Life Finder: The search for life in a habitable moon», *IEEE Aerospace Conference* (marzo de 2016), pp. 1-8. IEEE.

ROBERTS, J. H., W. B. McKINNON, C. M. ELDER, G. TOBIE, J. B. BIERSTEKER y D. YOUNG, Interior Thematic Working Group, «Exploring the Interior of Europa with the Europa Clipper», *Space Science Reviews* (2023), n.º 219 (6), p. 46.

SAGAN, C. y J. B. Pollack, «Mariner IV Photography of Mars: Initial Results», *Science* (1966), n.º 152 (3720), pp. 66-74.

SCHIAPARELLI, G. V., «La Vita sul Pianeta Marte», Atti della Reale Accademia dei Lincei, Serie III. Memorie della Classe di Scienze Fisiche, Matematiche e Naturali (1877), n.° 3, pp. 3-13.

SCHWIETERMAN, E.W., *et al.*, «Astrobiology of the Anthropocene: The NASA Roadmap for Life in the Universe», *Astrobiology* (2020), n.° 20 (10), pp. 1121-1219.

SEAGER, S. y D. DEMING, «Exoplanet atmospheres», *Annual Review of Astronomy and Astrophysics* (2010), n.° 48, pp. 631-672.

SEAGER, S., «Exoplanet Habitability», *Science* (2013), n.° 340 (6132), pp. 577-581.

SETI Committee of the International Academy of Astronautics, *Draft Declaration of Principles Concerning Sending Communications with Extraterrestrial Intelligence* (1995). <https://iaaspace.org/wp-content/uploads/iaa/Scientific%20Activity/setidraft.pdf>.

SHEEHAN, W., *The Planet Mars: A History of Observation and Discovery*, The University of Arizona Press, 1996.

SHINOHARA, N. y S. KAWASAKI, «Recent wireless power transmission technologies in Japan for space solar power station/satellite» (enero de 2009), *IEEE radio and wireless symposium*, pp. 13-15. IEEE.

SOUERS, P. C., *Hydrogen properties for fusion energy*, University of California Press, 1986.

SPANOS, N. P., P. A. CROSS, K. DICKSON, *et al.*, «Close encounters: An examination of UFO experiences», *Journal of Abnormal Psychology* (1993), n.° 102 (4), p. 624.

TATSUMOTO, M. y J. N. ROSHOLT, «Age of the moon: An isotopic study of uranium-thorium-lead systematics of lunar samples», *Science* (1970), n.° 167 (3918), pp. 461-463.

TENNEN, L. y D. FORGAN, «A Report on The IAA Permanent SETI Committee's Review of the SETI Post-Detection and Reply Protocols», *42nd COSPAR Scientific Assembly* (2018), n.º 42, F3-8.

UDRY, S. y N. C. SANTOS, «Statistical properties of exoplanets», *Annual Review of Astronomy and Astrophysics* (2007), n.º 45, pp. 397-439.

WACEY, D., M. R. KILBURN, M. SAUNDERS, J. CLIFF y M. D. BRASIER, «Microfossils of sulphur-metabolizing cells in 3.4-billion-year-old rocks of Western Australia», *Nature Geoscience* (2011), n.º 4 (10), pp. 698-702.

WESTALL, F., D. HÖNING, G. AVICE, D. GENTRY, T. GERYA, C. GILLMANN, C. WILSON, «The habitability of Venus», *Space Science Reviews* (2023), n.º 219 (2), p. 17.

WETHERILL, G. W., «Formation of the Earth», *Annual Review of Earth and Planetary Sciences* (1990), n.º 18 (1), pp. 205-256.

ZAITSEV, A., «Classification of interstellar radio messages», *Acta Astronautica* (2012), n.º 78, pp. 16-19.